떡제조기능사
필기 합격 플래너

KB199806

차례		공부한 날	2주 플랜	1주 플랜
PART 01 떡 제조 기초이론	01 떡류 재료의 이해	월 일	1일	1일
	02 떡의 분류 및 제조도구	월 일		
	꼭! 풀어볼 대표문제	월 일	2일	
PART 02 떡류 만들기	01 재료 준비	월 일	3일	2일
	02 고물 만들기	월 일		
	03 떡류 만들기	월 일		
	04 떡류 포장 및 보관	월 일	4일	
	꼭! 풀어볼 대표문제	월 일		
PART 03 위생 · 안전관리	01 개인 위생관리	월 일	5일	3일
	02 작업환경 위생관리	월 일		
	03 안전관리	월 일	6일	
	04 식품위생법 관련 법규 및 규정	월 일		
	꼭! 풀어볼 대표문제	월 일		
PART 04 떡의 역사와 문화	01 떡의 역사	월 일	7일	4일
	02 떡의 문화	월 일		
	꼭! 풀어볼 대표문제	월 일		
실전동형 모의고사	01회	월 일	8일	5일
	02회	월 일		
	03회	월 일	9일	6일
	04회	월 일		
[부록] 누워서 떡먹기	필기 핵심요약 PART 01	월 일	10일	틈새시간 활용
	PART 02	월 일		
	PART 03	월 일	11일	
	PART 04	월 일		
	기출복원 모의고사 01회	월 일	12일	7일
	02회	월 일	13일	
	03회	월 일	14일	

에듀윌 떡제조기능사
필기·실기 한권끝장 특별구성

필기

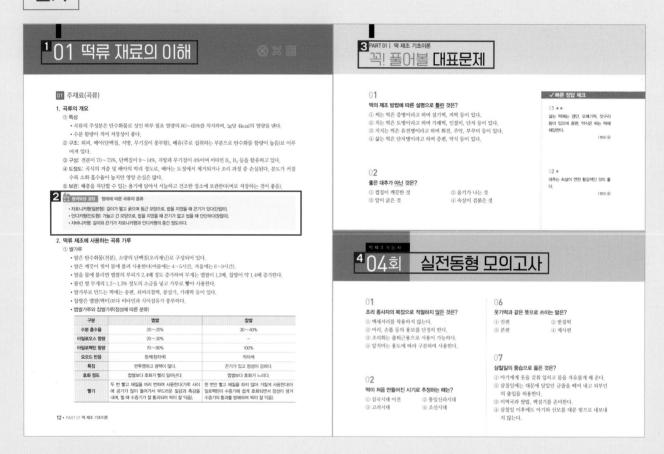

---

① 출제기준에 따른 구성
출제기준에 맞춰 본문을 구성하여 시험에 나오는 내용을 빠짐없이 수록하였다.

② 합격보장 꿀팁
학습에 도움이 되는 부가설명을 담아, 이해를 위해 꼭 필요한 이론을 바로바로 캐치할 수 있다.

③ PART별 대표문제
문항별 중요도를 표시하여 본인의 실력을 확인할 수 있다. 바로 옆에 정답 및 해설을 배치하여 공부시간을 단축할 수 있다.

④ 실전동형 모의고사
4회분을 통해 실전감각을 기를 수 있도록 하였다. 정답 및 해설이 분리되어 있어 제한시간 내에 푸는 연습을 할 수 있다.

에듀윌과 함께 시작하면,
당신도 합격할 수 있습니다!

식품을 전공하고
실전에도 경력을 쌓고 싶은 대학생

취미로 시작해
요리로 미래를 꿈꾸는 직장인

은퇴 후 제2의 인생을 위해
모두 잠든 시간에 책을 펴는 미래의 사장님

누구나 합격할 수 있습니다.
시작하겠다는 '다짐' 하나면 충분합니다.

마지막 페이지를 덮으면

**에듀윌과 함께
합격의 길이 시작됩니다.**

에듀윌로 합격한
찐! 합격스토리

에듀윌 덕분에 조리기능사 필기가 쉬워졌어요!

이○나 합격생

저는 실기는 자신 있었는데 필기가 너무 힘들었어요. 공부할 시간까지 없어서 더 막막했는데 1주끝장(초단기끝장)으로 4일 만에 합격했어요! 우선 이 책은 나오는 부분만 표 위주로 구성되어 있고, 테마가 끝난 후에는 바로 문제가 나와서 공부하기 편했어요. 어려운 테마에는 QR코드를 찍으면 나오는 짧은 토막강의가 있는데, 저에게는 이 강의가 정말 도움이 많이 되었어요. 쉽게 외울 수 있는 방법도 알려주시고, 이해가 안 되는 부분은 원리를 잘 설명해 주셔서 토막강의가 있는 테마는 책으로 따로 공부하지 않고 이동하면서 강의만 반복적으로 들었어요. 시험 당일에는 핸드폰으로 모의고사 3회만 계속 보았는데 여기에서 비슷한 문제가 많이 나왔어요! 덕분에 생각지도 못한 고득점으로 합격했네요! 에듀윌에 정말 감사드려요~

제과·제빵기능사 합격의 지름길, 에듀윌

이○민 합격생

일주일 만에 한 번에 합격했어요. 시간 여유가 없는 직장인에게는 단기간 합격이 제일 중요하죠! 생소한 단어들도 많고, 양도 많아서 막막했지만 단원마다 정리되어 있는 '핵심 키워드'와 '합격팁'으로 집중적으로 공부할 수 있었습니다. 이해하기 어려운 부분은 에듀윌에서 무료로 제공해 주는 동영상 강의로 해결했어요. 그리고 '핵심집중노트'는 시험 보기 전에 꼭 보세요! 딱 세 번만 정독하시면 무조건 합격이에요. 여러분도 합격의 지름길, 에듀윌로 시작하세요.

에듀윌 필기끝장 한 권으로 단기 합격!

김○정 합격생

조리학과 전공이 아니라서 관련된 지식이 아예 없는 상태였습니다. 제과·제빵 학원을 다니면서도 이론이 어렵고 막막했는데, 에듀윌 강의를 보면서 개념을 정리하고 기출문제를 풀고 오답을 정리하며 이해할 수 있었습니다. 책 안 중간 중간에 있는 인생명언으로 긍정적인 에너지를 얻어 공부에 더 집중할 수 있었습니다. 간편하게 들고 다니기 편한 핵심집중노트로 시험보기 직전에 머릿속 내용들을 정리할 수 있어서 좋은 결과로 합격을 했던 것 같습니다. 일을 다니면서 공부 시간이 많이 부족하고 짧았지만 에듀윌 책은 입문자들도 이해하기 쉽게 정리가 잘 되어 있어서 제과·제빵기능사 필기를 빠르게 합격할 수 있었습니다. 감사합니다! 제과·제빵을 처음 공부하시는 분들께 에듀윌 교재 강력 추천입니다.^^

다음 합격의 주인공은 당신입니다!

2025 최신판

에듀윌 떡제조기능사
필기·실기 한권끝장
+ 과제 무료특강

필기 핵심요약+기출복원 모의고사

누워서 떡먹기

eduwill

2025 최신판

에듀윌 떡제조기능사
필기·실기 한권끝장
+ 과제 무료특강

에듀윌 떡제조기능사

필기·실기 한권끝장

+과제 무료특강

누워서 떡먹기

필기 핵심요약

PART 01

떡 제조 기초이론

1. 멥쌀가루와 찹쌀가루

구분	멥쌀	찹쌀
수분 흡수율	20~25%	30~40%
아밀로오스 함량	20~30%	–
아밀로펙틴 함량	70~80%	100%
요오드 반응	청색(청자색)	적자색
특징	반투명하고 광택이 많음	끈기가 있고 점성이 강함

2. 전분의 특성

호화 (α화)	• 전분에 물을 넣고 가열하면 전분 입자가 팽창하여 부풀어 오르고, 점성이 생기는 현상 • 영향을 미치는 요인: 전분의 종류, 전분의 입자 크기, 수분, 가열 온도, 수소이온농도(pH), 당류, 염류
노화 (β화)	• 호화된 전분이 굳어져 단단해지는 현상 • 노화 방지법: 수분 15% 이하로 건조, 60℃ 이상에서 보온처리, 설탕이나 유화제 첨가, 아밀로펙틴 비율 높이기, 냉동 보관
호정화 (덱스트린화)	전분에 물을 가하지 않고 160~180℃의 건열로 가열하면 덱스트린이 형성되며 구수한 맛과 갈색을 내는 상태

3. 발색제의 종류

발색제는 떡에 색을 내는 재료로, 보통 쌀 무게의 2% 정도를 사용함

분홍색	딸기 분말(냉동 딸기), 복분자 분말, 적파프리카, 비트, 오미자, 지초, 백년초 등
보라색	자색 고구마, 흑미, 포도, 복분자 등
초록색	쑥, 시금치, 모시잎, 쑥 분말, 녹차 분말, 모시잎 분말, 승검초 분말, 뽕잎, 클로렐라 분말 등
노란색	치자, 단호박, 송화, 샤프란 등
갈색	계핏가루, 코코아가루, 커피, 대추고, 송진, 캐러멜소스, 송기, 도토리가루 등
검은색	흑미, 흑임자, 석이버섯 등

4. 영양소의 기능

① 체조직의 구성 성분: 무기질, 단백질
② 생리 작용 조절: 비타민, 무기질
③ 열량 영양소: 탄수화물, 단백질, 지질

5. 탄수화물/단백질/지질

① 탄수화물

구성	탄소(C), 수소(H), 산소(O)
기능 및 특성	• 지방의 완전 연소를 위해 필요함 • 과다 섭취 시 글리코겐으로 전환되어 간에 저장됨
칼로리	4kcal/g

② 단백질

구성	탄소(C), 수소(H), 산소(O), 질소(N)
기능 및 특성	• 체조직의 구성 성분 • 효소, 호르몬의 성분으로 성장을 촉진시킴 • 체액과 혈액의 중성을 유지시킴 • 조직의 삼투압을 조절함 • 체온을 유지시킴
칼로리	4kcal/g

③ 지질

구성	탄소(C), 수소(H), 산소(O)
기능 및 특성	• 중성지방은 지방산 3분자와 글리세롤의 에스테르 결합으로 이루어짐 • 물에 녹지 않고, 유기 용매에 녹음 • 필수지방산, 지용성 비타민을 체내에 운반 및 흡수시킴 • 장기를 보호하고 체온을 조절함
칼로리	9kcal/g

6. 떡의 종류

① 찌는 떡(증병)

설기떡 (무리떡, 무리병)	• 멥쌀가루에 물을 내려 쪄낸 가장 기본적인 떡 • 백설기, 콩설기, 쑥설기, 잡과병, 석이병 등

켜떡	멥쌀가루, 찹쌀가루에 팥, 콩, 녹두 등의 기타 작물을 가공하여 만든 고물 등을 켜켜이 얹어 쪄낸 떡
약밥	찹쌀을 찐 후 대추, 밤, 잣 등에 간장, 참기름, 꿀을 섞어 버무려 다시 찐 떡
빚는 떡	송편, 모시잎송편, 쑥송편, 쑥개떡, 꿀떡 등
증편	막걸리를 탄 뜨거운 물로 멥쌀가루를 반죽하여 고명을 얹고 틀에 넣어 찐 떡

② 치는 떡(도병)

가래떡	멥쌀가루를 찐 후 압출식 성형기로 뽑아낸 떡
인절미	찹쌀가루를 쪄서 찰기가 나게 친 후 고물을 묻힌 떡
단자	찹쌀가루를 되게 반죽하여 끓는 물에 삶아 내어 방망이로 꽈리가 일도록 친 후 소를 넣고 둥글게 빚어 고물을 묻힌 떡
개피떡	흰떡, 쑥떡, 송기떡을 얇게 밀어 콩가루나 팥으로 소를 넣고 오목한 그릇 같은 것으로 반달 모양으로 찍어 만든 떡

③ 지지는 떡(유전병)

화전	• 찹쌀가루를 익반죽하여 동글납작하게 빚은 후 진달래, 국화 등의 꽃잎을 고명으로 얹어 기름에 지져낸 떡 • 계절에 따라 다양한 고명을 올리며, 대추나 쑥갓 잎을 얹기도 함
주악	찹쌀가루를 익반죽하여 대추, 밤, 팥소 등을 넣고 송편처럼 빚어 기름에 지져낸 떡
부꾸미	찹쌀가루나 찰수수가루를 익반죽하여 동글납작하게 빚어 소를 넣은 후 반달 모양으로 접어 지져낸 떡
기타 전병류	메밀총떡, 권전병(메밀), 송풍병, 토란병, 빙자 등

④ 삶는 떡(단자병) – 경단: 수수경단, 각색경단, 오색경단, 오메기떡, 두텁경단, 잣구리 등

7. 떡의 제조 원리

① 세척 및 수침

쌀의 수침 시간	• 여름: 4~5시간 • 겨울: 6~9시간
불린 쌀의 수분 함유율	30~45%
불린 쌀의 중량 (쌀 1kg 기준)	• 멥쌀: 1.2~1.25kg 정도 • 찹쌀: 1.35~1.4kg 정도

② 1차 빻기(쌀 1kg 기준)

소금 양	10~15g 정도
물의 양	150~200g 정도

③ 물 주기: 찌는 떡보다 치는 떡에 물이 더 많이 필요하며 찹쌀가루는 물을 적게 주거나 주지 않음

④ 2차 빻기: 물을 준 쌀가루는 수분이 골고루 잘 흡수되도록 다시 분쇄, 또는 체에 걸러줌

⑤ 반죽하기

치는 횟수	오래 치댈수록 떡이 완성되었을 때 부드럽고 식감이 좋음
반죽의 방법	• 익반죽: 끓는 물을 넣어 반죽하는 방법, 전분을 호화시켜 점성을 높임 • 날반죽: 찬물을 넣어 반죽하는 방법, 익반죽에 비해 많이 치댐

⑥ 부재료 첨가하기: 부족한 영양소 보충, 특별한 맛을 냄

8. 전통적 도구

① 도정 및 분쇄 도구

방아	곡물을 절구에 넣고 찧거나 빻는 기구
절구와 절굿공이	떡가루를 만들거나 떡을 칠 때 쓰는 도구
키	곡물이나 찧어 낸 곡물을 까불러 겨, 티끌 등의 불순물을 걸러내는 도구
조리	곡류를 일어 돌 등의 불순물을 골라내는 도구
돌확	곡물이나 양념 등을 찧거나 가는 도구로, 돌로 만든 조그만 절구
맷돌	곡물을 가는 데 쓰는 도구

② 익히는 도구

시루	쌀이나 떡을 찔 때 사용하는 도구
번철	지지는 떡을 만들 때 사용하는 철판

③ 모양을 내는 도구

안반과 떡메	인절미 등을 칠 때 쓰는 도구
떡살	떡본 또는 떡손이라고도 하며, 떡에 문양을 찍는 도구
밀방망이	떡 반죽을 일정한 두께로 밀어 펴는 도구
편칼(시루칼)	일정한 크기 및 형태로 떡을 자를 때 사용

1. 재료 계량 방법

① 가루 재료

밀가루	덩어리지지 않도록 체에 쳐서 계량컵에 수북하게 담은 후 기구를 이용하여 표면을 편평하게 깎아 계량
쌀가루	분쇄 과정 중 덩어리가 지므로 체로 쳐서 사용
흑설탕	덩어리가 없게 하여 계량컵에 꼭꼭 눌러 담아 계량

② 액체 재료: 계량컵이나 계량스푼에 넘치지 않을 정도로 담고, 눈금의 밑선에 눈높이를 맞춰 눈금을 읽음

물	표면장력이 있으므로 흘러넘치지 않을 정도로 가득 담아 계량
꿀, 물엿, 기름	점성이 높아 무게로 계량하는 것이 계량의 오차를 줄일 수 있음

③ 고체 재료
- 무게를 재는 것이 정확함
- 버터나 마가린은 실온에서 부드러운 반고체로 만들어 계량 도구에 공간 없이 수북하게 담아 눌러 위를 편평하게 만든 후 계량

④ 알갱이 상태(쌀, 깨, 팥, 콩 등)의 재료: 계량 도구에 가득 담아 윗면을 평면이 되게 만들어 계량

2. 고물의 기능

① 떡에 맛과 영양을 부여함
② 떡이 서로 붙는 것을 방지함
③ 가루 사이에 층을 형성하여 떡이 잘 익을 수 있도록 도와줌

3. 설기떡류

① 정의: 멥쌀가루만 넣거나 부재료를 함께 넣어 한 덩어리가 되게 찌는 떡(무리떡, 무리병)
② 종류별 만드는 방법

백설기 (흰무리)	쌀 씻기 → 불리기 → 물 빼기 → 빻기 → 소금 넣기 → 물 주기 → 체에 내리기 → 설탕 넣기 → 찌기
콩설기	쌀 씻기 → 불리기 → 물 빼기 → 빻기 → 소금 넣기 → 콩 불리기 → 익히기 → 물 주기 → 체에 내리기 → 설탕 넣기 → 바닥에 콩 1/2 깔기 → 나머지 콩과 쌀가루 섞기 → 찌기
무지개떡	쌀 씻기 → 불리기 → 물 빼기 → 빻기 → 소금 넣기 → 등분하기 → 각각의 색을 내서 물 주기 → 체에 내리기 → 설탕 넣기 → 각각의 색 순서대로 수평으로 안친 후 찌기

4. 켜떡류

① 정의: 찹쌀과 멥쌀에 다양한 고물을 켜켜이 넣고 찐 떡
② 종류
- 원재료에 따른 분류

메시루떡	멥쌀 100%
반찰시루떡	찹쌀 50%+멥쌀 50%
찰시루떡	찹쌀 100%

- 고물에 의한 분류: 팥시루떡, 녹두시루떡, 거피팥시루떡, 동부시루떡, 콩시루떡, 깨시루떡 등
- 부재료에 의한 분류

채소	쑥편, 느티떡, 무시루떡, 상추시루떡, 물호박떡
과일즙	도행병
과일	잡과병, 신과병
깨	깨시루떡

5. 찌는 찰떡류

① 정의: 설기떡과 제조 방법이 유사하지만 찹쌀가루를 사용한다는 점에서 다름
② 만드는 방법: 쌀 씻기 → 불리기 → 부재료 준비하기 → 물 빼기 → 소금 넣어 빻기 → 물 주기 → 2차 빻기 → 설탕 넣기 → 부재료 넣기 → 시루에 안치기 → 찌기 → 성형 → 절단

6. 빚어 찌는 떡(송편)

① 정의: 쌀가루를 익반죽 또는 날반죽을 한 후 모양을 만들어 찌는 떡
② 종류: 송편, 모시잎송편, 쑥송편, 쑥개떡, 꿀떡 등
③ 만드는 방법: 쌀 씻기 → 불리기 → 물 빼기 → 소금 넣어 빻기 → 체에 내리기 → 익반죽하기 → 빚기 → 찌기

7. 인절미

① 정의: 불린 찹쌀을 쪄 도구를 사용하여 쳐서 모양을 만든 후 고물을 묻힌 떡(인병, 은절병 등으로도 불림)
② 만드는 방법: 쌀 씻기 → 불리기 → 물 빼기 → 소금 넣어 빻기 → 시루 안에 시룻밑을 깔고 설탕 살짝 뿌리기 → 떡가루 안치기 → 찌기 → 뜸들이기 → 펀칭기로 치기(펀칭기에 넣고 치대면서 설탕 가감하기) → 성형 → (콩)고물 묻히기

8. 가래떡류

① 정의: 치는 떡의 일종으로 멥쌀가루를 쪄서 안반에 놓고 친 다음 길게 밀어 모양을 만든 떡
② 종류

가래떡	압출식 성형기에 원형 노즐을 부착하여 원형 막대기 모양으로 길게 뽑아지는 떡을 적당한 길이로 절단한 것
떡국떡	가래떡을 냉각하여 경화시킨 후 경사진 모양으로 동그랗고 얇게 절단한 떡으로, 주로 떡국을 만드는 용도로 사용
절편	압출식 성형기에 직사각형의 노즐을 부착하여 판형으로 길게 뽑아지는 떡을 일정한 길이로 절단한 것
조랭이떡	성형기 말단에 땅콩 모양의 무늬를 새겨 넣은 두 개의 롤러 사이를 통과시킨 것
치즈 떡볶이 떡	찌기 공정이 끝난 떡을 특수한 압출기에 통과시켜 튜브 형태로 성형한 것

③ 만드는 방법: 쌀 씻기 → 불리기 → 물 빼기 → 소금 넣어 빻기 → 물 주기 → 2차 빻기 → 시루에 안치기 → 찌기 → 압출 성형 → 절단

9. 약밥

① 정의: 찹쌀로 찰밥을 지어 양념과 부재료를 넣어 쪄낸 것

② 만드는 방법: 찹쌀 씻기 → 불리기 → 물 빼기 → 찹쌀 1차 찌기(40분) → 소금물 뿌리기 → 찌기 → 양념 + 부재료 섞기 → 상온 보존 → 2차 찌기(30분) → 모양 만들기

10. 떡류 포장의 기능

① 해충 등 이물질 차단(위생성)
② 노화 지연(보존의 용이성)
③ 파손 방지(보호성, 안전성)
④ 상품성 가치 상승, 판매 촉진(상품성)
⑤ 제품의 중량과 성분 파악(정보성)
⑥ 운반 및 보관의 편리(간편성)

11. 떡류의 보관 시 유의사항

① 당일 판매할 물량만 제조하며 노화가 진행된 제품은 판매하지 않음
② 빛이 들지 않고 서늘한 곳에 보관하여 진열·판매함
③ 떡은 0℃ 이하로 동결시키거나 60℃ 이상의 온장 보관이 적합함(온도 0~4℃, 습도 0~40%에서 노화가 가장 빠름)

12. 떡류 포장 재질

종이	인쇄가 용이하고 다른 포장재의 초기 포장재로 사용
알루미늄박	자외선에 의해 변질되는 식품의 포장에 적당함
셀로판	일반적으로 독성이 없고 먼지를 타지 않음
아밀로오스 필름	포장재 자체를 먹을 수 있고, 물에 녹지 않으며, 신축성이 좋음
폴리에틸렌 (PE)	인체 무독성으로 식품 포장재로 가장 많이 사용
폴리프로필렌 (PP)	폴리에틸렌(PE)보다 질기고 융점이 높으며 인장 강도가 커서 음식이나 화장품 용기, 카펫 등에 주로 사용
폴리스티렌 (PS)	• 가격이 저렴하고 가공성이 용이하며 투명, 무색임 • 광학적 성질이 우수하고 질김
폴리염화비닐리덴(PVDC)	가스와 수분 등의 차단성이 우수하여 가공식품의 장기 보관용 포장재로 사용

1. 개인 위생 복장

두발 및 용모	• 머리카락은 단정하게 정리 • 코와 입, 턱을 감싸는 마스크 착용 • 지나친 화장이나 향수, 인조 속눈썹 등 금지 • 손톱은 짧게 정리하고, 매니큐어 등 손톱 장식 금지
위생복	• 조리복과 작업복은 항상 깨끗하게 유지하고 위생모를 착용 • 상의 소매와 하의는 길이가 짧지 않게 착용 • 앞치마는 조리용, 서빙용, 세척용으로 용도에 따라 구분하여 사용
신발	• 신발은 미끄럽지 않고 신고 벗기가 용이한 것으로 착화 • 외부 출입 시에는 반드시 신발을 소독 • 신발은 오염 구역과 비오염 구역을 구분하여 착용
장신구	• 식품을 조리·가공 중에 액세서리 착용 금지 • 개인 휴대품(지갑 등) 소지 금지

2. 개인 위생관리

개인 위생수칙	• 작업 전 손을 오염시키거나 작업 중 마스크나 머리를 만지는 행동 금지 • 손에 묻은 물을 앞치마에 닦는 행동 금지 • 식품 조리, 제조 중 화장실을 갈 때는 작업복, 모자, 신발을 바꿔 착용 • 식품 취급 시 흡연, 음주 또는 껌을 씹는 행동 금지 • 발열, 복통, 설사, 인후통, 발진 등이 있을 경우 조리실 출입 금지
손 위생	• 손은 상시 청결하게 유지 • 손은 역성비누를 사용하여 30초간 씻고 흐르는 따뜻한 수돗물에 깨끗이 씻음 • 에탄올을 70%로 희석해 분무 용기에 담아 사용하며, 손의 에탄올이 완전히 마른 후 식품 제조에 참여
건강관리	• 식품 취급자 및 조리자는 자신의 건강 상태를 확인하고 개인위생에 주의해야 함 • 식품영업자 및 종사원은 1년마다 정기 건강 진단을 받아야 함 • 결핵(비감염성 제외), 소화기계 감염병(콜레라, 장티푸스 등), 피부병 또는 화농성질환, 후천성면역결핍증(AIDS)을 지닌 사람은 식품영업에 종사할 수 없음

3. 식품의 변질

① 식품 변질의 종류

부패	단백질 식품의 변질(아민, 암모니아, 황화수소, 인돌에 의한 악취)
변패	미생물에 의해 지방, 탄수화물이 변질되는 현상
산패	햇볕과 공기 중에 오래 방치된 지방이 산화되는 현상(미생물에 의한 식품의 변질 현상이 아님)
발효	탄수화물 식품의 변질, 인체에 무해함
후란	단백질 식품이 호기성 세균의 의해 변질되는 현상

② 식품 변질에 영향을 주는 인자: 온도, 영양소, 수분, 수소이온농도(pH), 산소

4. 감염병의 분류

① 인수공통감염병
   • 정의: 사람과 동물이 같은 병원체에 의해 발생하는 질병
   • 종류: 탄저, 결핵, 공수병, 큐열, 파상열(브루셀라증), 원충

② 위생동물에 의한 감염병

쥐	유행성출혈열, 페스트, 발진열, 서교증, 이질, 쯔쯔가무시증, 살모넬라 식중독 등
파리	이질, 콜레라, 장티푸스, 디프테리아, 결핵, 파라티푸스, 십이지장충, 회충, 요충, 편충 등
모기	말라리아, 일본뇌염, 뎅기열, 황열 등
바퀴벌레	이질, 콜레라, 장티푸스, 페스트, 소아마비, 민촌충, 회충 등
진드기	유행성출혈열, 양충병, 재귀열, 쯔쯔가무시증 등
벼룩	발진열, 재귀열, 페스트

5. 감염병의 예방 대책

① 감염병 발생의 3요소 제거: 감염원, 감염 경로, 숙주의 감수성

② 살균, 소독
  • 물리적 방법

자외선 살균법	2,500〜2,800 Å 파장의 자외선을 이용한 살균법
방사선 살균법	침투성이 커서 포장된 상태의 식품에도 사용 가능
일광 소독법	• 일광에 포함된 자외선의 살균력을 이용하는 방법(결핵균 살균) • 침구, 의류, 도서, 카펫 등의 소독에 사용
세균 여과법	세균보다 작은 바이러스는 제거 불가능(불완전)
유통 증기 멸균법	뚜껑이 있는 용기에 물을 넣고 끓여 올라오는 증기로 살균하는 방법으로, 조리도구 등 작은 기기 소독에 사용
열탕 소독법 (자비 멸균법)	100℃로 끓는 물에 15〜20분간 가열 살균하는 방법으로, 식기류, 행주 등의 소독에 사용

  • 화학적 방법

염소	• 주로 상수도 소독에 사용(잔류 염소량: 0.2ppm) • 피부 자극성과 금속 부식성이 있음
차아염소산 나트륨 (NaOCl)	물에 희석(50〜100ppm)하여 채소, 과일, 음료수, 식기, 조리도구 등의 소독에 사용(주로 락스라고 부름)
석탄산(3%)	• 변소, 하수도, 진개 등의 오물 소독에 사용 • 유기물이 있어도 살균력이 유지된다는 장점이 있지만, 피부 자극성과 금속 부식성이 있음 • 살균력의 기준으로 삼는 소독 물질
역성비누 (양성비누)	• 손 소독은 10% 용액을 200〜400배로 희석, 과일, 채소, 식기는 0.01〜0.1%로 희석하여 사용 • 보통 비누와 섞어 사용하면 살균력이 떨어짐
과산화수소 (3%)	자극성이 적어 피부나 입 안의 상처 소독에 사용
에틸알코올 (70%)	• 유리나 금속 등의 기구, 손, 피부 등의 소독에 사용 • 유기물과 공존 시 살균력이 감소함
승홍(0.1%)	부식성이 있어 금속이 아닌 곳(피부 등)의 소독에 사용
크레졸(3%)	• 오물, 손 소독에 사용 • 석탄산보다 2배 정도 소독력이 강하지만 독한 냄새가 남

생석회	• 오물, 화장실, 하수도, 쓰레기통 등 습기가 많은 곳에 물을 뿌린 후 살포하거나 땅에 직접 뿌려 사용 • 값이 저렴하고 구하기 쉽지만, 공기에 노출 시 살균력이 떨어짐
포름알데히드	• 포르말린 1〜1.5%의 수용액 • 건물 내 소독이나 가죽, 나무 등의 소독에 사용

6. 식중독

① 정의: 식품 섭취로 인해 인체에 발생하는 감염형 또는 독소형 질환

② 종류

세균성 식중독	• 감염형: 살모넬라 식중독, 장염비브리오 식중독, 병원성 대장균 식중독 • 독소형: 황색포도상구균 식중독, 클로스트리디움 보툴리눔균 식중독, 바실루스 세레우스 식중독
화학성 식중독	• 유해성 착색료: 아우라민(황색), 로다민(분홍색), 파라니트로아닐린(황색), 실크 스칼렛(적색) • 유해성 감미료: 둘신, 사이클라메이트, 에틸렌글리콜, 파라니트로올소톨루이딘, 페릴라틴 • 유해성 표백제: 롱가리트, 삼염화질소, 형광염료, 과산화수소, 아황산염 • 유해성 보존료: 불소화합물, 승홍, 붕산, 포름알데히드, 베타-나프톨, 살리실산
자연독 식중독	• 동물성: 테트로도톡신(복어), 삭시톡신(섭조개, 대합조개), 베네루핀(모시조개, 바지락, 굴) • 식물성: 솔라닌(감자의 초록색 싹), 셉신(감자의 썩은 부위), 무스카린(광대버섯), 아마니타톡신(알광대버섯), 고시폴(목화씨), 리신(피마자), 아미그달린(청매), 듀린(수수), 리나마린(아마, 카사바, 라마콩), 테무린(독보리), 시큐톡신(독미나리), 프타퀼로사이드(고사리)
바이러스성 식중독	노로바이러스, 로타바이러스
곰팡이독 식중독	• 황변미 중독: 시트리닌(신장독), 시트레오비리딘(신경독), 아이슬란디톡신(간장독) • 아플라톡신: 간암 유발 • 에르고톡신, 에르고타민(맥각독)
중금속 식중독	• 수은(Hg): 미나마타병 원인 물질 • 카드뮴(Cd): 이타이이타이병 원인 물질 • 주석(Sn): 주석 성분이 포함된 통조림 음식 섭취가 원인

7. 기생충

채소류에서 감염	요충, 회충, 구충(십이지장충), 동양모양선충, 편충
육류에서 감염	무구조충(민촌충), 유구조충(갈고리촌충), 선모충
어패류에서 감염	간디스토마, 폐디스토마, 유극악구충, 요코가와흡충, 광절열두조충(긴촌충), 아니사키스

8. 식품첨가물

① 정의: 식품을 제조·보존하는 데 있어 착색, 표백, 감미, 산화 방지 등을 목적으로 사용하는 물질
② 식품첨가물의 조건
  • 식품에 나쁜 영향을 주지 않을 것
  • 미량 사용하였을 때 효과가 나타날 것
  • 상품의 가치를 향상시킬 것
  • 사용 방법이 간편하고 가격이 경제적일 것
  • 식품 성분 등에 의해 그 첨가물을 확인할 수 있을 것
  • 독성이 없거나 장기적으로 사용해도 인체에 무해할 것
③ 식품첨가물의 사용 목적
  • 기호성 증진 및 관능의 만족
  • 품질 유지 및 개량
  • 식품의 변질, 부패 방지, 영양 강화

9. 식품안전관리인증기준(HACCP)

원재료 생산에서부터 소비자가 최종 소비할 때까지 모든 단계에서 발생할 수 있는 위해요소를 분석·평가하고, 이에 대한 방지·대책을 마련하여 계획적으로 감시·관리함으로써 식품의 안전성과 건전성을 확보하기 위한 위생관리 체계

준비 단계 5절차	HACCP 팀 구성 → 제품설명서 작성 → 제품의 용도 확인 → 공정흐름도 작성 → 공정흐름도 현장 확인
기본 단계 7원칙	위해요소(HA) 분석 → 중요관리점(CCP) 결정 → 한계관리기준(CL) 설정 → 모니터링 체계 확립 → 개선 조치 방법 수립 → 검증 절차 및 방법 수립 → 문서화, 기록 유지 방법 설정

10. 위험도 경감의 원칙

① 목적: 사고 발생의 예방, 피해 심각도 억제
② 핵심 요소: 위험요인 제거, 위험 발생 경감, 사고 피해 경감
③ 고려사항: 사람, 절차, 장비의 3가지 시스템 구성 요소

11. 개인 안전 관련 재해 유형

절단, 베임, 찔림	주방 내에서 가장 많이 발생하는 사고
화상, 데임	스팀, 오븐, 가스 등에 의해 발생하는 사고
끼임	물건을 옮기다가 신체 일부가 기구에 끼거나 치이는 사고
넘어짐	바닥 등이 미끄럽거나 주변의 물체 등에 의해 발이 걸려 넘어지는 사고

12. 도구 및 장비류의 선택 및 사용 기준

① 필요성
② 성능
③ 요구에 따른 만족도
④ 안전성과 위생

13. 식품위생법의 목적(「식품위생법」 제1조)

식품으로 인하여 생기는 위생상의 위해 방지, 식품영양의 질적 향상 도모, 식품에 관한 올바른 정보 제공으로 국민 건강의 보호·증진에 이바지함

14. 식품위생 관련 행정기구

① 식품의약품안전처: 식품위생 행정업무 담당
② 질병관리청: 연구, 종사자의 교육 등
③ 보건소: 건강 진단, 위생 강습 등

PART 04

떡의 역사와 문화

1. 떡의 어원 변화

찌다 → 찌기 → 떼기 → 떠기 → 떡

2. 떡에 관한 문헌

① 삼국시대 및 통일신라시대

「삼국사기」	• 신라 유리왕: 치는 떡으로 추정 • 신라 자비왕대: 흰떡, 절편, 인절미 등으로 추정
「영고탑기략」, 「식화고」	'맛이 더할 수 없이 뛰어나다.'라는 시루떡에 대한 기록이 있음
「삼국유사」, 「가락국기」	• 효소왕대: 인절미, 절편, 설기떡으로 추정 • '세시마다 술, 감주와 병, 반, 과, 채 등의 여러 가지를 갖추고 제사를 지냈다.'는 기록이 남아 있음

② 고려시대

「해동역사」	'고구려인이 율고를 잘 만든다.'는 중국인의 기록이 있음
「거가필용」 (원나라 서적)	여진의 시고 감설기는 찹쌀가루와 밤가루를 섞은 후 대추가루를 혼합하여 찐 떡임
「지봉유설」	'고려에는 삼사일(삼짇날)에 청애병(쑥떡)을 만들어서 음식의 으뜸으로 삼는다.'라고 기록되어 있는데, '애고'는 쑥설기로 추정됨
「목은집」	수단은 '백설 같이 흰 살결에 달고 신맛이 섞여 있더라.'라고 소개됨

③ 조선시대(조선 중기)

「도문대작」	우리나라 식품전문서로 가장 오래된 책
「음식디미방」 (규곤시의방)	석이편법, 전화법(지지는 떡), 잡과법, 상화법, 증편법, 섭산산법 등
「규합총서」	석탄병, 남방감저병, 혼돈병, 도행병, 신과병
「수문사설」	주악(조악전)
「요록」	경단병
「증보산림경제」	향애단자

3. 시식, 절식에 먹는 떡

정월 초하루 (설날, 음력 1월 1일)	첨세병
정월대보름 (상원, 음력 1월 15일)	약식
중화절 (음력 2월 1일)	노비송편(삭일송편, 나이떡, 섬떡)
삼짇날 (음력 3월 3일)	화전
한식(동지 후 105일째 되는 날, 양력 4월 5~6일경)	쑥단자
사월 초파일 (음력 4월 8일)	느티떡(유엽병), 장미화전, 석남엽병
단오 (음력 5월 5일)	차륜병, 도행병
유두 (음력 6월 15일)	(떡)수단, 상화병, 밀전병
삼복, 칠석날 (음력 7월 7일)	증편, 주악, 백설기
추석(한가위, 음력 8월 15일)	오려송편
중양절 (음력 9월 9일)	국화전
상달(음력 10월)	무시루떡, 애단자, 밀단고
동지(작은설, 양력 12월 22일경)	팥죽
납일 (음력으로 연말 무렵)	골무떡
섣달그믐 (음력 12월 31일)	가래떡

4. 통과의례별 떡

삼칠일	백설기(신성한 산신의 보호를 의미함)
백일	백설기(무병장수, 큰 복 기원), 붉은 찰수수경단(액막이), 오색송편(우주만물과 조화)
첫돌	백설기(무병장수, 신성함), 붉은 찰수수경단(액막이), 오색송편(우주만물과 조화), 인절미(끈기 있는 사람), 무지개떡(조화로운 미래 기원)

책례	• 작은 모양의 오색송편, 경단, 떡국 등 • 속이 빈 송편(겸손을 의미), 속이 꽉 찬 송편(학문적 성과를 기원)
성년례	각종 떡과 약식
혼례	봉치떡(함떡), 달떡, 색떡, 인절미
회갑	갖은편(백편, 녹두편, 꿀편, 승검초편), 화전, 색떡
제례	각종 편(녹두고물편, 거피팥고물편, 흑임자고물편, 꿀편 등), 웃기떡(단자, 주악 등)

5. 향토떡

서울, 경기도	두텁떡(궁중떡), 느티떡, 여주산병, 석이단자, 대추단자, 상추설기, 각색편, 화전, 쑥구리단자, 각색경단, 쑥버무리, 물호박떡, 건시단자, 개떡, 색떡(꽃떡) 등
강원도	감자떡, 감자경단, 감자시루떡, 감자녹말송편, 도토리송편, 찰옥수수떡, 옥수수설기, 메밀전병(메밀총떡), 기장취떡, 댑싸리떡, 방울증편, 차좁쌀인절미 등
충청도	해장떡(뱃사람), 쇠머리떡, 곤떡, 약편, 약설기떡, 호박송편, 꽃산병, 칡개떡, 햇보리개떡, 수수팥떡, 막편, 장떡, 호박떡 등
전라도	감시루떡, 감찰떡, 감단자, 감고지떡, 감인절미, 삐삐떡, 웃기떡, 재증병, 섭전, 깨시루떡, 밀기울떡, 차조기떡, 고치떡, 보리떡, 꽃송편 등
경상도	모시잎송편, 만경떡, 잡과편, 잣구리, 칡떡, 거창송편, 밤·대추·밀비지·감으로 만든 설기떡, 제사떡 등
제주도	오메기떡, 빙떡(메밀부꾸미), 도래떡, 뼈대기떡(감제떡), 상애떡, 도돔떡, 침떡(좁쌀시루떡), 속떡, 은절미 등
황해도	오쟁이떡, 무설기떡, 큰송편, 수수무말이, 닭알범벅, 잔치메시루떡, 잡곡부치기 등
평안도	송기떡, 노티떡, 강냉이골무떡, 감자시루떡, 장떡, 조개송편, 찰부꾸미, 뽕떡, 언감자떡 등
함경도	꼬장떡, 귀리떡, 기장취떡, 기장찰편, 조찰편, 기지떡, 오그랑떡, 언감자송편, 기장인절미 등

에듀윌 떡제조기능사

필기·실기 한권끝장

+과제 무료특강

누워서
떡먹기

기출복원 모의고사

01

떡 제조 시 쌀 불리기에 대한 설명으로 틀린 것은?

① 쌀은 물의 온도가 높을수록 물을 빨리 흡수한다.
② 쌀의 수침 시간이 증가하면 호화 개시 온도가 낮아진다.
③ 쌀의 수침 시간이 증가하면 조직이 연화되어 입자의 결합력이 증가한다.
④ 쌀의 수침 시간이 증가하면 수분 함량이 많아져 호화가 잘 된다.

02

떡 제조 시 사용하는 두류의 종류와 영양학적 특성으로 옳은 것은?

① 대두에 있는 사포닌은 설사의 치료제이다.
② 팥은 비타민 B_1이 많아 각기병 예방에 좋다.
③ 검은콩은 금속이온과 반응하면 색이 옅어진다.
④ 땅콩은 지질의 함량이 많으나 필수지방산이 부족하다.

03

병과에 쓰이는 도구 중 어레미에 대한 설명으로 옳은 것은?

① 고운 가루를 내릴 때 사용한다.
② 도드미보다 고운체이다.
③ 팥고물을 내릴 때 사용한다.
④ 약과용 밀가루를 내릴 때 사용한다.

04

떡의 영양학적 특성에 대한 설명으로 틀린 것은?

① 팥시루떡의 팥은 멥쌀에 부족한 비타민 D와 비타민 E를 보충한다.
② 무시루떡의 무에는 소화효소인 디아스타아제가 들어 있어 소화에 도움을 준다.
③ 쑥떡의 쑥은 무기질, 비타민 A, 비타민 C가 풍부하여 건강에 도움을 준다.
④ 콩가루 인절미의 콩은 찹쌀에 부족한 단백질과 지질을 함유하여 영양상의 조화를 이룬다.

05

두텁떡을 만드는 데 사용되지 않는 조리도구는?

① 떡살
② 체
③ 번철
④ 시루

✓ 빠른 정답 체크

01

쌀의 수침 시간이 증가하면 조직이 연화되어 입자의 결합력이 감소한다.

| 정답 | ③

02

팥은 비타민 B_1이 많아 탄수화물 대사에 도움을 주며, 각기병 예방에 탁월하다.

| 정답 | ②

03

• 어레미는 지름 3mm 정도로 팥고물을 내릴 때 사용한다.
• 중거리는 지름 2mm, 가루체는 지름 0.5~0.7mm이다.
• 도드미는 성글게 짠 것을 말한다.

| 정답 | ③

04

팥에는 비타민 B_1이 많이 함유되어 있다.

| 정답 | ①

05

떡살은 문양을 낼 때 사용하는 도구이다. 번철은 두텁떡 제조 시 고물을 볶는 용도로 사용한다.

| 정답 | ①

06

치는 떡의 표기로 옳은 것은?

① 증병(烝餅)　　　　　　② 도병(搗餅)
③ 유병(油餅)　　　　　　④ 전병(煎餅)

07

떡의 노화를 지연시키는 방법으로 <u>틀린</u> 것은?

① 식이섬유소 증가　　　　② 설탕 첨가
③ 유화제 첨가　　　　　　④ 색소 첨가

08

떡을 만드는 도구에 대한 설명으로 <u>틀린</u> 것은?

① 조리는 쌀을 빻아 쌀가루를 내릴 때 사용한다.
② 맷돌은 곡식을 가루로 만들거나 곡류를 타는 기구이다.
③ 맷방석은 멍석보다 작고 둥글며 곡식을 널 때 사용한다.
④ 어레미는 굵은체를 말하며, 지방에 따라 얼맹이, 얼래미 등으로 불린다.

09

떡 조리 과정의 특징으로 <u>틀린</u> 것은?

① 쌀의 수침 시간이 증가할수록 쌀의 조직이 연화되어 습식 제분을 할 때 전분 입자가 미세화된다.
② 쌀가루는 너무 고운 것보다 어느 정도 입자가 있어야 자체 수분 보유율이 있어 떡을 만들 때 호화도가 더 좋다.
③ 찌는 떡은 멥쌀가루보다 찹쌀가루를 사용할 때 물을 더 보충해야 한다.
④ 펀칭 공정을 거치는 치는 떡은 시루에 찌는 떡보다 노화가 더디게 진행된다.

10

불용성 섬유소의 종류로 옳은 것은?

① 검　　　　　　　　　② 뮤실리지
③ 펙틴　　　　　　　　④ 셀룰로스

06

• 찹쌀도병에는 인절미, 쑥인절미, 수리취인절미가 있고, 멥쌀도병에는 가래떡, 절편, 개피떡이 있다.
• 증병은 찌는 떡, 유병, 전병은 지지는 떡이다.

| 정답 ②

07

노화에 영향을 주는 요인에는 온도, 수분 함량, 전분의 종류, pH, 염류, 식이섬유소, 당류, 유화제가 있다.

| 정답 ④

08

조리는 불린 쌀을 일어 돌 등의 불순물을 골라내는 도구이다.

| 정답 ①

09

찹쌀가루는 멥쌀가루보다 물을 적게 주어야 한다.

| 정답 ③

10

셀룰로스는 불용성 섬유소로 통곡류, 해조류, 팥, 호밀 등에 많이 함유되어 있다.

| 정답 ④

11

찌는 떡이 <u>아닌</u> 것은?

① 느티떡　　　　　　② 혼돈병
③ 골무떡　　　　　　④ 신과병

12

떡의 주재료로 옳은 것은?

① 밤, 현미　　　　　　② 흑미, 호두
③ 감, 차조　　　　　　④ 찹쌀, 멥쌀

13

쌀의 수침 시 수분 흡수에 영향을 주는 요인으로 <u>틀린</u> 것은?

① 쌀의 품종
② 쌀의 저장 기간
③ 수침 시 물의 온도
④ 쌀의 비타민 함량

14

빚는 떡 제조 시 쌀가루 반죽에 대한 설명으로 <u>틀린</u> 것은?

① 송편 등의 떡 반죽은 많이 치댈수록 부드러우면서 입 안의 감촉이 좋다.
② 반죽을 치는 횟수가 많아지면 반죽 중에 작은 기포가 함유되어 부드러워진다.
③ 쌀가루를 익반죽하면 전분의 일부가 호화되어 점성이 생겨 반죽이 잘 뭉친다.
④ 반죽할 때 물의 온도가 낮을수록 치대는 반죽이 매끄럽고 부드러워진다.

15

인절미나 절편을 칠 때 사용하는 도구에 해당하는 것은?

① 안반, 맷방석　　　　② 떡메, 쳇다리
③ 안반, 떡메　　　　　④ 쳇다리, 이남박

16

설기떡에 대한 설명으로 틀린 것은?

① 고물 없이 한 덩어리가 되도록 찌는 떡이다.
② 콩, 쑥, 밤, 대추, 과일 등 부재료가 들어가기도 한다.
③ 콩떡, 팥시루떡, 쑥떡, 호박떡, 무지개떡이 있다.
④ 무리병이라고도 한다.

17

찰떡류의 제조에 대한 설명으로 옳은 것은?

① 불린 찹쌀을 여러 번 빻아 찹쌀가루를 곱게 준비한다.
② 쇠머리떡 제조 시 멥쌀가루를 소량 첨가할 경우 굳어서 썰기에 좋다.
③ 찰떡은 메떡에 비해 찔 때 소요되는 시간이 짧다.
④ 팥은 1시간 정도 불려 설탕과 소금을 섞어 사용한다.

18

치는 떡이 아닌 것은?

① 꽃절편
② 인절미
③ 개피떡
④ 쑥개떡

19

떡의 노화를 지연시키는 보관 방법으로 옳은 것은?

① 4℃ 냉장고에 보관한다.
② 2℃ 김치냉장고에 보관한다.
③ −18℃ 냉동고에 보관한다.
④ 실온에 보관한다.

20

떡류 포장의 표시 기준을 포함하여, 소비자의 알 권리를 보장하고 건전한 거래 질서를 확립함으로써 소비자 보호에 이바지함을 목적으로 하는 것은?

① 식품안전기본법
② 식품안전관리인증기준
③ 식품 등의 표시 · 광고에 관한 법률
④ 식품위생 분야 종사자의 건강 진단 규칙

21

식품 등의 기구 또는 포장·용기의 표시 기준으로 <u>틀린</u> 것은?

① 재질
② 영업소 명칭 및 소재지
③ 소비자 안전을 위한 주의사항
④ 섭취량, 섭취 방법 및 섭취 시 주의사항

22

떡 반죽의 특징으로 <u>틀린</u> 것은?

① 많이 치댈수록 공기가 포함되어 부드러우면서 입 안에서의 감촉이 좋다.
② 많이 치댈수록 글루텐이 많이 형성되어 쫄깃해진다.
③ 익반죽할 때 물의 온도가 높으면 점성이 생겨 반죽이 용이하다.
④ 쑥이나 수리취 등을 섞어 반죽할 때 노화 속도가 지연된다.

23

전통적인 약밥을 만드는 과정에 대한 설명으로 <u>틀린</u> 것은?

① 간장과 양념이 한쪽으로 치우쳐서 얼룩지지 않도록 골고루 버무린다.
② 불린 찹쌀에 부재료와 간장, 설탕, 참기름 등을 한꺼번에 넣고 쪄낸다.
③ 찹쌀을 불려서 1차로 찔 때 충분히 쪄야 간과 색이 잘 밴다.
④ 양념한 밥을 오래 중탕하여 진한 갈색이 나도록 한다.

24

저온 저장 미생물 생육 및 효소 활성이 미치는 영향에 대한 설명으로 <u>틀린</u> 것은?

① 일부의 효모는 −10℃에서도 생존이 가능하다.
② 곰팡이 포자는 저온에 대한 저항성이 강하다.
③ 부분 냉동 상태보다 완전 동결 상태에서 효소 활성이 촉진되어 식품이 변질되기 쉽다.
④ 리스테리아균이나 슈도모나스균은 냉장 온도에서도 증식이 가능하여 식품의 부패나 식중독을 유발한다.

25

백설기를 만드는 방법으로 <u>틀린</u> 것은?

① 멥쌀을 충분히 불려 물기를 빼고 소금을 넣어 곱게 빻는다.
② 쌀가루에 물을 주어 잘 비빈 후 중간체에 내려 설탕을 넣고 고루 섞는다.
③ 찜기에 시룻밑을 깔고 체에 내린 쌀가루를 꾹꾹 눌러 안친다.
④ 물솥 위에 찜기를 올리고 15~20분간 찐 후 약한 불에서 5분간 뜸을 들인다.

26

떡류의 보관 방법에 대한 설명으로 틀린 것은?

① 당일 제조 및 판매 물량만 확보하여 사용한다.
② 오래 보관한 제품은 판매하지 않도록 한다.
③ 진열 전의 떡은 서늘하고 빛이 들지 않는 곳에 보관한다.
④ 여름철에는 상온에서 24시간까지는 보관해도 된다.

27

인절미를 뜻하는 단어로 틀린 것은?

① 인병
② 은절병
③ 절병
④ 찰떡

28

설기 제조의 일반적인 과정으로 옳은 것은?

① 멥쌀을 깨끗하게 씻어 8~12시간 정도 불려 사용한다.
② 쌀가루는 물기가 있는 상태에서 굵은 체에 내린다.
③ 찜기에 준비된 재료를 올려 약한 불에서 바로 찐다.
④ 불을 끄고 20분 정도 뜸을 들인 후 그릇에 담는다.

29

인절미를 칠 때 사용되는 도구가 아닌 것은?

① 절구
② 안반
③ 떡메
④ 떡살

30

멥쌀가루에 요오드 용액을 떨어뜨렸을 때 변화되는 색은?

① 변화가 없음
② 녹색
③ 청자색
④ 적갈색

31

가래떡 제조 과정의 순서로 옳은 것은?

① 쌀가루 만들기 → 안쳐 찌기 → 용도에 맞게 자르기 → 성형하기
② 쌀가루 만들기 → 소 만들어 넣기 → 안쳐 찌기 → 성형하기
③ 쌀가루 만들기 → 익반죽하기 → 성형하기 → 안쳐 찌기
④ 쌀가루 만들기 → 안쳐 찌기 → 성형하기 → 용도에 맞게 자르기

32

전통 음식에서 '약(藥)'자가 들어가는 음식의 의미로 틀린 것은?

① 꿀과 참기름 등을 많이 넣는 음식에 약(藥)자가 붙었다.
② 몸에 이로운 음식이라는 개념을 함께 지니고 있다.
③ 꿀을 넣은 과자와 밥을 각각 약과와 약식이라고 하였다.
④ 한약재를 넣어 몸에 이롭게 만든 음식만을 의미한다.

33

약식의 양념(캐러멜소스) 제조 과정에 대한 설명으로 틀린 것은?

① 설탕과 물을 넣어 끓인다.
② 끓일 때 젓지 않는다.
③ 설탕이 갈색으로 변하면 불을 끄고 물엿을 혼합한다.
④ 캐러멜소스는 130℃에서 갈색이 된다.

34

얼음 결정의 크기가 크고 식품의 텍스처 품질 손상 정도가 큰 저장 방법은?

① 완만 냉동   ② 급속 냉동
③ 빙온 냉동   ④ 초급속 냉동

35

재료의 계량에 대한 설명으로 틀린 것은?

① 액체 재료의 부피 계량은 투명한 재질로 만들어진 계량컵을 사용하는 것이 좋다.
② 계량 단위 1큰술의 부피는 15mL 정도이다.
③ 저울을 사용할 때에는 평평한 곳에서 0점(zero point)을 맞춘 후 사용한다.
④ 고체 재료의 부피 계량은 계량컵에 잘게 담아 계량한다.

✓ 빠른 정답 체크

31
가래떡은 '쌀가루 만들기 → 시루에 안쳐 찌기 → 압출 성형 → 절단' 순으로 만든다.
|정답| ④

32
약(藥)자가 들어가는 음식에 한약재라는 의미는 없다.
|정답| ④

33
당의 가열 시 변화
• 130℃ - 당의 전화
• 150℃ - 황갈색으로 착색 시작
• 170~190℃ - 갈색으로 캐러멜소스
|정답| ④

34
• 식품을 냉동시킬 때에는 급속 냉동시켜야 조직에 큰 변형을 일으키지 않는다.
• 완만 냉동은 조직의 변형을 가장 많이 일으키는 냉동법이다.
|정답| ①

35
고체 재료는 부피보다 무게를 재는 것이 정확하며, 실온에서 부드럽게 만든 후 수북하게 담아 눌러 위를 편평하게 만든 후 계량한다.
|정답| ④

36

화학물질의 취급 시 유의사항으로 틀린 것은?

① 작업장 내에 물질안전보건자료를 비치한다.
② 고무장갑 등 보호 복장을 착용하도록 한다.
③ 물 이외의 물질과 섞어 사용한다.
④ 액체 상태인 물질을 덜어 쓸 경우 펌프 기능이 있는 호스를 사용한다.

37

식품 영업장이 위치해야 할 장소의 구비 조건이 아닌 것은?

① 식수로 적합한 물이 풍부하게 공급되는 곳
② 환경적 오염이 발생하지 않는 곳
③ 전력 공급 사정이 좋은 곳
④ 가축 사육 시설이 가까이 있는 곳

38

80℃에서 30분간 가열해도 균에 의한 독소가 파괴되지 않아 식품을 섭취한 후 3시간 정도만에 구토, 설사, 심한 복통 증상을 유발하는 미생물은?

① 노로바이러스
② 황색포도상구균
③ 캠필로박터균
④ 살모넬라균

39

다음과 같은 특성을 지닌 살균 소독제는?

- 가용성이며 냄새가 없다.
- 자극성 및 부식성이 없다.
- 유기물이 존재하면 살균 효과가 감소된다.
- 작업자의 손이나 용기 및 기구 소독에 주로 사용된다.

① 승홍
② 크레졸
③ 석탄산
④ 역성비누

40

식품의 변질에 의한 생성물로 틀린 것은?

① 인돌
② 암모니아
③ 토코페롤
④ 황화수소

✓ 빠른 정답 체크

36

화학물질은 다른 물질과 섞어 사용하지 않는다.

| 정답 | ③

37

오염 가능성이 있는 곳과는 멀리하는 것이 좋다.

| 정답 | ④

38

① 노로바이러스 – 오염된 식품 섭취 및 감염 환자와 접촉·비말로 감염
③ 캠필로박터균 – 닭고기 등을 완전히 익히지 않고 섭취했을 때 감염될 수 있는 균
④ 살모넬라균 – 쥐, 바퀴벌레 등에 오염된 식품을 섭취하였을 때 감염

| 정답 | ②

39

① 승홍 – 주로 손, 피부의 소독에 사용한다.
② 크레졸 – 오물, 손 소독에 사용한다.
③ 석탄산 – 변소, 하수도 등의 소독에 사용하며 살균력의 기준으로 삼는 물질이다.

| 정답 | ④

40

토코페롤은 비타민 E를 의미한다.

| 정답 | ③

41

썩거나 상하거나 설익어서 인체의 건강을 해칠 우려가 있는 위해식품을 판매한 영업자에게 부과되는 벌칙은? (단, 해당 죄로 금고 이상의 형을 선고받거나 그 형이 확정된 적이 없는 자에 한함)

① 1년 이하의 징역 또는 1천만 원 이하의 벌금
② 3년 이하의 징역 또는 3천만 원 이하의 벌금
③ 5년 이하의 징역 또는 5천만 원 이하의 벌금
④ 10년 이하의 징역 또는 1억 원 이하의 벌금

42

물리적 살균, 소독 방법이 아닌 것은?

① 일광 소독
② 화염 멸균
③ 역성비누 소독
④ 자외선 살균

43

떡 제조 시 작업자의 복장에 대한 설명으로 틀린 것은?

① 지나친 화장을 피하고 인조 속눈썹을 부착하지 않는다.
② 반지나 귀걸이 등 장신구를 착용하지 않는다.
③ 작업 변경 시마다 위생장갑을 교체할 필요는 없다.
④ 마스크를 착용하도록 한다.

44

위생적이고 안전한 식품 제조에 적합한 기기, 기구 및 용기가 아닌 것은?

① 스테인리스 스틸 냄비
② 산성 식품에 사용하는 구리를 함유한 그릇
③ 소독과 살균이 가능한 내수성 재질의 작업대
④ 흡수성이 없는 단단한 단풍나무 재목의 도마

45

오염된 곡물의 섭취를 통해 장애를 일으키는 곰팡이독의 종류가 아닌 것은?

① 황변미독
② 맥각독
③ 아플라톡신
④ 베네루핀

41
썩거나 상하거나 설익어서 인체의 건강을 해칠 우려가 있는 위해식품을 판매한 영업자, 영업 허가 등을 위반한 자는 10년 이하의 징역 또는 1억 원 이하의 벌금에 처한다.

|정답| ④

42
• 물리적 방법 – 자외선 살균법, 방사선 살균법, 일광 소독법, 소각 멸균법, 열탕 소독법 등
• 화학적 방법 – 염소, 차아염소산나트륨, 석탄산, 역성비누, 과산화수소, 승홍, 크레졸, 생석회 등

|정답| ③

43
작업 변경 시마다 위생장갑을 교체하여 교차오염을 방지해야 한다.

|정답| ③

44
구리로 만든 조리기구는 산성 식품에 의해 부식될 수 있으므로 식품 제조에 적절하지 않다.

|정답| ②

45
베네루핀은 바지락, 모시조개, 굴에 의한 자연 식중독균이다.

|정답| ④

46

각 지역과 향토떡의 연결로 틀린 것은?

① 경기도 – 여주산병, 색떡
② 경상도 – 모시잎송편, 만경떡
③ 제주도 – 오메기떡, 빙떡
④ 평안도 – 장떡, 오쟁이떡

47

약식의 유래를 기록하고 있어 신라시대부터 약식을 먹어 왔음을 알 수 있는 문헌은?

① 「목은집」   ② 「도문대작」
③ 「삼국사기」   ④ 「삼국유사」

48

중양절에 대한 설명으로 틀린 것은?

① 추석에 햇곡식으로 제사를 올리지 못한 집안에서 뒤늦게 천신을 하였다.
② 밤떡과 국화전을 만들어 먹었다.
③ 시인과 묵객들은 야외로 나가 시를 읊거나 풍국놀이를 하였다.
④ 잡과병과 밀단고를 만들어 먹었다.

49

음력 3월 3일에 먹는 시절 떡은?

① 수리취절편   ② 약식
③ 느티떡   ④ 진달래화전

50

봉치떡에 대한 설명으로 틀린 것은?

① 납폐 의례 절차 중에 차려지는 대표적인 혼례 음식으로, 함떡이라고도 한다.
② 떡을 두 켜로 올리는 것은 부부 한 쌍을 상징하는 것이다.
③ 밤과 대추는 재물이 풍성하기를 기원하는 뜻이 담겨 있다.
④ 찹쌀가루를 쓰는 것은 부부의 금실이 찰떡처럼 화목하게 되라는 뜻이다.

51

약식의 유래와 관련 <u>없는</u> 것은?

① 백결선생   ② 금갑
③ 까마귀   ④ 소지왕

52

돌상에 차리는 떡의 종류와 의미로 <u>틀린</u> 것은?

① 인절미 – 학문적 성장을 촉구하는 뜻을 담고 있다.
② 수수팥경단 – 아이의 생애에 있어 액을 미리 막아준다는 의미를 담고 있다.
③ 오색송편 – 우주만물과 조화를 이루며 살아가라는 의미를 담고 있다.
④ 백설기 – 신성함과 정결함을 뜻하며, 순진무구하게 자라라는 기원이 담겨 있다.

53

다음 떡의 어원에 대한 설명으로 옳은 것을 모두 고른 것은?

> 가. 곤떡은 '색과 모양이 곱다' 하여 처음에는 고운 떡으로 불렸다.
> 나. 구름떡은 '썬 모양이 구름 모양과 같다' 하여 붙여진 이름이다.
> 다. 오쟁이떡은 떡의 모양을 가운데 구멍을 내고 만들어 붙여진 이름이다.
> 라. 빙떡은 떡을 차갑게 식혀 만들어 붙여진 이름이다.
> 마. 해장떡은 '해장국과 함께 먹었다' 하여 붙여진 이름이다.

① 가, 나, 마   ② 가, 다, 라
③ 나, 다, 라   ④ 다, 라, 마

54

떡과 관련된 내용을 담고 있는 조선시대에 출간된 서적이 <u>아닌</u> 것은?

①「도문대작」   ②「음식디미방」
③「임원십육지」   ④「이조궁정요리통고」

55

아이의 장수와 복록을 축원하는 의미로 돌상에 올리는 떡으로 <u>틀린</u> 것은?

① 두텁떡   ② 오색송편
③ 수수팥경단   ④ 백설기

✓ 빠른 정답 체크

51

「삼국사기」에 백결선생이 가난하여 떡을 치지 못하는 아내의 안타까움을 달래주기 위해 거문고로 떡방아 소리를 내었다는 기록이 있다.

|정답| ①

52

인절미는 찰떡처럼 끈기 있는 사람이 되라는 뜻을 담고 있다.

|정답| ①

53

• 오쟁이떡 – 찹쌀가루를 쪄서 안반에 놓고 쳐 인절미를 만든 뒤 붉은팥소를 넣고 작은 고구마 크기로 빚어 콩고물을 묻힌 것으로 짚으로 만든 주머니 모양의 오쟁이를 닮았다 하여 붙여진 이름이다.
• 빙떡 – 메밀가루를 묽게 반죽하여 기름을 두른 번철에 얇게 펴놓고 삶아 양념한 무채를 소로 넣고 말아 지져낸 떡으로 돌돌 말아서 만든다 하여 붙여진 이름이다.

|정답| ①

54

•「이조궁정요리통고」는 1957년에 출간된 궁중요리책으로, 궁중음식을 최초로 정리한 책이다.
•「도문대작」,「음식디미방」은 조선 중기의 문헌이며「임원십육지」는 조선 후기 서유구가 저술한 생활과학서이다.

|정답| ④

55

돌상에는 백설기, 붉은 찰수수경단, 오색송편, 인절미, 무지개떡 등을 올린다.

|정답| ①

56

삼짇날의 절기 떡이 아닌 것은?

① 진달래화전
② 향애단
③ 쑥떡
④ 유엽병

57

통과의례에 대한 설명으로 틀린 것은?

① 사람이 태어나서 죽을 때까지 필연적으로 거치게 되는 중요한 의례를 말한다.
② 책례는 어려운 책을 한 권씩 뗄 때마다 이를 축하하고 더욱 학문에 정진하라는 격려의 의미로 행하는 의례이다.
③ 납일은 사람이 살아가는 데 도움을 준 천지만물의 신령에게 음덕을 갚는 의미로 제사를 지내는 날이다.
④ 성년례는 어른으로부터 독립하여 자기의 삶은 자기가 갈무리하라는 책임과 의무를 일깨워 주는 의례이다.

58

떡의 어원에 대한 설명으로 틀린 것은?

① 차륜병은 수리취절편에 수레바퀴 모양의 문양을 내어 붙여진 이름이다.
② 석탄병은 '맛이 좋아 삼키기 아깝다'라는 뜻에서 붙여진 이름이다.
③ 약편은 멥쌀가루에 계피, 천궁, 생강 등 약재를 넣어 붙여진 이름이다.
④ 첨세병은 떡국을 먹어서 나이를 하나 더하게 된다는 뜻으로 붙여진 이름이다.

59

삼복 중에 먹는 절기 떡으로 틀린 것은?

① 증편
② 주악
③ 팥경단
④ 깨찰편

60

절기와 절식 떡의 연결이 틀린 것은?

① 정월대보름 – 약식
② 삼짇날 – 진달래화전
③ 단오 – 차륜병
④ 추석 – 삭일송편

01

떡 포장재로 주로 사용하는 것은?

① 폴리에틸렌   ② 종이호일
③ 알루미늄 박   ④ 셀로판

02

떡 포장의 기능으로 틀린 것은?

① 보존의 용이성   ② 정보성
③ 향미 증진   ④ 안전성

03

서속떡의 이름과 관련 있는 곡물은?

① 기장과 조   ② 콩과 보리
③ 귀리와 메밀   ④ 율무와 팥

04

봉채떡에 대한 설명으로 틀린 것은?

① 멥쌀가루로 만든다.
② 신부집에서 만드는 떡이다.
③ 2단으로 켜를 만든다.
④ 시루에 찌는 떡이다.

05

떡의 노화가 가장 빨리 되는 보관 상태는?

① 실온 보관
② 급속 냉동실 보관
③ 전기 보온 밥솥 보관
④ 냉장고 보관

✓ 빠른 정답 체크

01

폴리에틸렌은 가장 많이 사용하는 식품 포장재이다.

|정답| ①

02

포장의 기능에는 위생성, 보존의 용이성, 보호성, 안전성, 상품성, 정보성, 간편성이 있다.

|정답| ③

03

서속떡에서 서속(黍粟)은 기장과 조를 가리킨다.

|정답| ①

04

봉채떡은 봉치떡이라고도 하며, 찹쌀가루로 만든 떡이다.

|정답| ①

05

온도 0~4℃, 습도 0~40%일 때 노화가 가장 빠르게 진행된다.

|정답| ④

06

여름철 따뜻한 바닷물에서 증식된 호염균에 의한 식중독은?

① 살모넬라 식중독
② 황색포도상구균 식중독
③ 병원성 대장균 식중독
④ 장염비브리오 식중독

07

루틴의 함유량이 높아 혈관벽에 저항력을 높이는 효과가 있는 곡류는?

① 보리
② 밀
③ 메밀
④ 쌀

08

켜떡류가 아닌 것은?

① 녹두편
② 색떡
③ 팥시루떡
④ 송피병

09

혼례 의식 중 납폐일에 신랑집에서 신부집으로 함을 보낼 때 사용되는 떡은?

① 대추약편
② 봉치떡
③ 은절병
④ 혼돈병

10

곡물을 찧거나 빻을 때 쓰는 도구가 아닌 것은?

① 절구
② 맷돌
③ 조리
④ 방아

06

① 살모넬라 식중독 - 달걀, 가금류, 단백질 식품 등에 의해 감염
② 황색포도상구균 식중독 - 김밥, 도시락, 떡, 빵, 과자류 등의 섭취나 화농성질환자가 조리한 음식에 의해 감염
③ 병원성 대장균 식중독 - 분변 오염 지표균으로 사용

|정답| ④

07

루틴은 메밀에 함유된 성분이다.

|정답| ③

08

켜떡류는 층층마다 고물을 쌓아서 만드는 떡으로 녹두편, 팥시루떡, 송피병 등이 있다.

|정답| ②

09

① 대추약편 - 멥쌀가루에 대추고, 막걸리를 넣어 찐 떡
③ 은절병 - 인절미
④ 혼돈병 - 찹쌀가루에 밤채, 대추채를 섞어 찌는 떡

|정답| ②

10

조리는 곡류를 일어 돌 등의 불순물을 골라내는 기구이다.

|정답| ③

11

고임떡에 웃기로 얹는 떡이 아닌 것은?

① 꿀설기　　　　　　　　② 단자
③ 주악　　　　　　　　　④ 화전

12

「음식디미방」에 기록된 석이편법에 사용하는 고물은?

① 잣고물　　　　　　　　② 녹두고물
③ 붉은팥고물　　　　　　④ 깨고물

13

쌀의 성분 중 함량이 가장 높은 것은?

① 탄수화물　　　　　　　② 단백질
③ 지방　　　　　　　　　④ 수분

14

식품 변질의 직접적인 요인이 아닌 것은?

① 온도　　　　　　　　　② 압력
③ 산　　　　　　　　　　④ 수분

15

고려시대 떡의 종류가 아닌 것은?

① 율고　　　　　　　　　② 청애병
③ 시고　　　　　　　　　④ 석탄병

16

어레미를 부르는 다른 이름이 <u>아닌</u> 것은?

① 얼맹이

② 고운체

③ 굵은체

④ 고물체

17

병원체에 따른 감염병의 종류 중 바이러스성 감염병이 <u>아닌</u> 것은?

① 콜레라

② 홍역

③ 폴리오

④ 광견병

18

돌상에 올라가는 떡이 <u>아닌</u> 것은?

① 백설기

② 붉은팥수수경단

③ 오색송편

④ 색떡

19

통과의례에 쓰이는 떡이 <u>잘못</u> 연결된 것은?

① 백일 – 백설기, 붉은팥고물수수경단, 오색송편

② 혼례 – 봉치떡, 달떡, 색떡

③ 회갑 – 백편, 꿀편, 승검초편

④ 제례 – 녹두고물편, 거피팥고물편, 붉은팥시루떡

20

다음은 전분의 어떤 것에 대한 설명인가?

전분에 물을 가하지 않고 160~180℃로 가열하거나 효소나 산으로 가수분해했을 때 전분이 가용성 전분을 거쳐 다양한 길이의 덱스트린으로 분해되는 것

① 전분의 호화

② 전분의 노화

③ 전분의 호정화

④ 전분의 당화

✓ 빠른 정답 체크

16
· 어레미는 아주 성글게 짠 것으로, 얼레미, 얼맹이, 고물체, 굵은체라고 한다.
· 고운체는 말총으로 올의 간격을 촘촘히 짠 것을 말한다.

|정답| ②

17
콜레라는 세균성 감염병이다.

|정답| ①

18
색떡은 혼례 때 사용하는 떡이다.

|정답| ④

19
제례에는 편류의 떡(녹두고물편, 거피팥고물편, 흑임자고물편, 꿀편 등)을 사용한다. 붉은팥은 귀신을 쫓는 의미로 제례 때 사용하지 않는다.

|정답| ④

20
① 전분의 호화 – 전분에 물을 넣고 가열하면 전분 입자가 팽창하여 부풀어 오르고 점성이 생기는 현상(밥, 떡)
② 전분의 노화 – 호화된 전분이 굳어져 단단해지는 현상(식은 밥이나 떡)
④ 전분의 당화 – 전분에 효소나 산을 넣어 온도(55~60℃)를 알맞게 맞춰주면 전분이 가수분해되어 단맛이 증가되는 현상

|정답| ③

21

「규합총서」(1815)에 복숭아와 살구로 만드는 떡에 대한 설명이 나오는데, 이 떡의 이름은?

① 도행병
② 석탄병
③ 가피병
④ 첨세병

22

비타민 B_1이 많고 철분이 풍부한 것은?

① 은행
② 밤
③ 잣
④ 울금

23

사람과 동물이 같은 병원체에 의해 발생하는 인수공통감염병은?

① 성홍열
② 결핵
③ 콜레라
④ 디프테리아

24

색과 색을 내는 재료가 <u>잘못</u> 연결된 것은?

① 검은색 – 석이버섯
② 초록색 – 쑥
③ 보라색 – 흑미
④ 붉은색 – 송화

25

인절미를 만드는 순서로 옳은 것은?

① 쌀 씻기 → 불리기 → 물 빼기 → 빻기 → 시루 안치기 → 찌기 → 뜸들이기 → 펀칭기로 치기 → 성형 → 고물 묻히기
② 쌀 씻기 → 불리기 → 물 빼기 → 빻기 → 펀칭기로 치기 → 찌기 → 뜸들이기 → 성형 → 고물 묻히기
③ 쌀 씻기 → 불리기 → 물 빼기 → 시루 안치기 → 빻기 → 찌기 → 뜸들이기 → 펀칭기로 치기 → 성형 → 고물 묻히기
④ 쌀 씻기 → 불리기 → 물 빼기 → 빻기 → 시루 안치기 → 찌기 → 펀칭기로 치기 → 뜸들이기 → 성형 → 고물 묻히기

✓ 빠른 정답 체크

21
② 석탄병 – 감가루와 대추, 밤 등을 첨가해 찐 설기떡
③ 가피병 – 바람떡, 개피떡
④ 첨세병 – 설날에 먹는 음식으로 떡국을 가리키는 말
정답 ①

22
잣은 지방, 단백질을 함유하고 있으며, 비타민 B_1과 철분이 풍부하다.
정답 ③

23
인수공통감염병은 사람과 동물이 같은 병원체에 의해 발생하는 질병으로 탄저, 결핵, 공수병, 큐열 등이 있으며 결핵은 결핵균에 의해 감염된다.
정답 ②

24
• 붉은색을 내는 재료에는 백년초, 비트, 딸기 등이 있다.
• 송화는 노란색을 내는 재료이다.
정답 ④

25
인절미는 찹쌀을 쪄서 찰기가 나게 친 후 썰어 고물을 묻힌 떡이다.
정답 ①

26

가래떡에 대한 설명으로 틀린 것은?

① 가래떡을 하루 정도 말려 동그랗게 썰면 떡국용 떡이 된다.
② 가래떡은 치는 떡의 일종으로 멥쌀가루를 사용한다.
③ 가래떡은 길게 밀어 만든 떡으로 백국이라고도 한다.
④ 가래떡은 멥쌀, 소금, 물을 넣어 만든다.

27

절기와 시절 떡의 연결로 틀린 것은?

① 10월 상달 – 붉은팥시루떡
② 정조다례 – 가래떡
③ 3월 삼짇날 – 진달래화전
④ 5월 단오 – 상화병

28

찹쌀을 사용하여 만든 떡은?

① 봉치떡
② 복령떡
③ 색떡
④ 석탄병

29

상화에 대한 설명으로 틀린 것은?

① 귀한 밀가루 대신 쌀가루를 사용하여 증편으로 변하였다.
② 고려시대 후기 일본의 영향을 받아 만들어졌다.
③ 밀가루를 막걸리로 발효시켜 소를 넣어 만들었다.
④ 고려가요 쌍화점에서 쌍화점은 상화를 의미한다.

30

떡류 포장 시 제품 표시사항이 아닌 것은?

① 유통기한
② 영업소의 대표자명
③ 영업소 명칭 및 소재지
④ 제품명, 내용량 및 원재료명

31

생식품류의 재배, 사육 단계에서 발생할 수 있는 1차 오염은?

① 처리장에서의 오염
② 자연 환경에서의 오염
③ 제조 과정에서의 오염
④ 유통 과정에서의 오염

32

떡의 의미와 종류의 연결이 <u>틀린</u> 것은?

① 기원 – 붉은팥단자, 백설기
② 나눔 – 붉은팥시루떡
③ 부귀 – 보리개떡, 메밀떡
④ 미학과 풍류 – 진달래화전, 국화전

33

떡의 노화에 대한 설명으로 옳은 것은?

① 아밀로펙틴 함량이 증가할수록 노화가 지연된다.
② 0~4℃에서 떡의 노화가 지연된다.
③ 찹쌀로 만든 떡보다 멥쌀로 만든 떡이 노화가 느리다.
④ 쑥, 호박, 무 등의 부재료는 떡의 노화를 가속시킨다.

34

수분 차단성이 좋으며 소량 생산에도 포장 규격화가 용이한 포장 재질은?

① 폴리에틸렌
② 금속 포장재
③ 종이 포장재
④ 유리 포장재

35

떡의 제조 과정에 대한 설명으로 <u>틀린</u> 것은?

① 송편은 멥쌀가루를 익반죽하여 콩, 깨, 밤, 팥 등의 소를 넣고 빚어 찐 떡이다.
② 찹쌀가루는 물을 조금만 넣어도 질어지므로 주의해야 한다.
③ 떡을 익반죽할 때에는 미지근한 물을 조금씩 부어가며 쌀가루에 골고루 섞는다.
④ 단자는 찹쌀가루를 삶거나 쪄서 익혀 꽈리가 일도록 쳐 고물을 묻힌다.

36

절기와 절식 떡의 연결이 틀린 것은?

① 중화절 – 오려송편
② 석가탄신일 – 느티떡
③ 삼짇날 – 화전
④ 납일 – 골무떡

37

치는 떡을 만들 때 사용하는 도구가 <u>아닌</u> 것은?

① 떡판
② 떡메
③ 절구
④ 동구리

38

팥을 삶을 때 첫 물을 버리는 이유는?

① 설사를 일으킬 수 있는 성분을 제거하기 위해
② 일정한 당도를 유지하기 위해
③ 색의 농도를 조절하기 위해
④ 비린내를 제거하여 풍미를 돋우기 위해

39

떡에 사용하는 재료의 전처리에 대한 설명으로 <u>틀린</u> 것은?

① 쑥은 잎만 데쳐서 쓸 만큼 싸서 냉동한다.
② 대추고는 물을 넉넉히 넣고 푹 삶아 체에 내려 과육만 거른다.
③ 오미자는 더운물에 우려 각종 색을 낼 때 사용한다.
④ 호박고지는 물에 불려 물기를 꼭 짜서 사용한다.

40

떡의 종류 중 설기떡은?

① 무시루떡
② 유자단자
③ 송편
④ 잡과병

✓ 빠른 정답 체크

36
• 중화절(음력 2월 1일)에는 삭일송편을 먹는다.
• 오려송편은 햅쌀(올벼)로 빚은 송편으로 추석에 먹는 떡이다.
|정답| ①

37
동구리는 음식을 담아 나를 때 쓰는 바구니이다.
|정답| ④

38
팥을 삶을 때 거품을 발생시키는 사포닌 성분이 설사를 유발하므로 처음 끓인 물을 버리고 다시 새 물을 끓여야 한다.
|정답| ①

39
오미자는 찬물에 우린다.
|정답| ③

40
① 무시루떡 – 켜떡
② 유자단자 – 치는 떡
③ 송편 – 빚어 찌는 떡
|정답| ④

41

약식에 주로 사용하는 재료로 틀린 것은?

① 늙은 호박 ② 참기름
③ 대추 ④ 간장

42

제조 과정에 따른 떡의 종류로 옳은 것은?

① 삶는 떡 – 팥고물시루떡, 콩찰떡
② 지지는 떡 – 송편, 약밥
③ 치는 떡 – 인절미, 가래떡
④ 찌는 떡 – 경단, 주악

43

식품 포장재의 구비 조건으로 틀린 것은?

① 맛의 변화를 억제할 수 있어야 한다.
② 가격과 상관없이 위생적이어야 한다.
③ 식품의 부패를 방지할 수 있어야 한다.
④ 내용물을 보호할 수 있어야 한다.

44

베로독소를 생산하며 용혈성 요독증과 신부전증을 발생시키는 대장균은?

① 장관독소원성 대장균
② 장관침투성 대장균
③ 장관병원성 대장균
④ 장관출혈성 대장균

45

익반죽을 했을 때에 대한 설명으로 옳은 것은?

① 찹쌀가루를 일부 호화시켜 점성이 생기면 반죽이 용이하다.
② 찹쌀가루의 아밀로오스 가지를 조밀하게 만들어 점성이 높아진다.
③ 찹쌀가루의 글루텐을 호화시켜 반죽을 좋게 한다.
④ 찹쌀가루의 효소를 불활성화하여 제조 적성을 높인다.

✓ 빠른 정답 체크

41

약식은 찹쌀을 찐 후 밤, 호박고지, 대추 등의 부재료와 간장, 참기름, 꿀을 넣어 다시 쪄낸 음식이다.

|정답| ①

42

- 삶는 떡 – 경단
- 지지는 떡 – 주악
- 찌는 떡 – 팥고물시루떡, 콩찰떡
- 빚어 찌는 떡 – 송편
- 찌는 떡 – 약밥

|정답| ③

43

식품 포장재는 위생성, 안전성, 보호성, 상품성, 경제성, 간편성 등의 조건을 갖추어야 한다.

|정답| ②

44

장관출혈성 대장균은 감염된 소로부터 생산된 우유 또는 이로 만든 유제품에 의해 감염되며 베로독소를 생산하며 용혈성 요독증과 신부전증을 발생시킨다.

|정답| ④

45

익반죽은 따뜻한 물이나 끓는 물을 사용하는 반죽으로, 호화를 촉진시켜 반죽 및 성형을 용이하게 한다.

|정답| ①

46

다음 설명에 해당하는 떡은?

> 햇밤 익은 것, 풋대추 썰고, 좋은 침감 껍질 벗겨 저미고 풋청대콩과 쌀가루에 섞어 꿀로 버무려 햇녹두 거피하고 뿌려 찌라. – 「규합총서」

① 토란병

② 승검초단자

③ 신과병

④ 백설고

47

떡의 포장 방법으로 틀린 것은?

① 떡은 수분 함량이 많으므로 뜨거울 때 포장해야 한다.

② 떡의 겉면이 마르지 않도록 실온에서는 비닐을 덮어 식힌다.

③ 떡의 포장지에는 제품명, 식품의 유형 등을 반드시 표시해야 한다.

④ 떡 포장은 수분 차단성이 높은 포장지를 사용한다.

48

가래떡에 대한 설명으로 틀린 것은?

① 정월 초하루에 엽전 모양으로 썰어 떡국을 끓인다.

② 찹쌀가루를 쪄서 친 떡으로 도병이다.

③ 흰떡, 백병이라고도 한다.

④ 권모(拳模)라고도 했다.

49

찌는 찰떡 중 성형 방법이 다른 것은?

① 구름떡

② 쇠머리떡

③ 깨찰편

④ 꿀찰떡

50

법랑 용기, 도자기 유약 성분으로 사용되며 이타이이타이병 등의 만성 중독을 유발하는 유해 물질은?

① 비소

② 주석

③ 카드뮴

④ 수은

✓ 빠른 정답 체크

46

① 토란병 – 토란을 삶아 으깨 찹쌀가루와 섞어 지진 떡

② 승검초단자 – 찧은 승검초잎과 찹쌀가루를 섞어 익반죽한 후 모양을 빚어 삶고, 고물을 묻힌 떡

④ 백설고 – 멥쌀가루의 켜를 얇게 잡아 켜마다 흰 종이를 깔고 시루에 찐 떡

정답 ③

47

떡은 수분 함량이 많으면 쉽게 상하므로 김이 빠진 후 포장해야 한다.

정답 ①

48

가래떡은 멥쌀가루로 만든다.

정답 ②

49

구름떡은 찐 떡을 그릇에 떠서 눌러 담는다.

정답 ①

50

① 비소 – 방부제, 살충제 등에 사용된 비소화합물 섭취가 주요 원인

② 주석 – 주석 성분이 포함된 통조림 음식 섭취가 주요 원인

④ 수은 – 수은으로 오염된 어패류 섭취가 주요 원인

정답 ③

51

치는 떡과 관련 없는 것은?

① 가피병, 인병
② 백자병, 강병
③ 마제병, 골무떡
④ 떡수단, 재증병

52

고물 만드는 방법으로 틀린 것은?

① 거피팥고물은 각종 편, 단자, 송편의 소 등으로 쓰인다.
② 밤고물은 밤을 삶아 겉껍질과 속껍질을 벗긴 후 소금을 넣고 빻아 체에 내려 사용한다.
③ 녹두고물은 푸른 녹두를 맷돌에 타서 불려 삶아 사용한다.
④ 붉은팥고물은 익힌 팥에 소금을 넣고 절구방망이로 빻아 사용한다.

53

인절미를 칠 때 사용되는 도구가 아닌 것은?

① 안반
② 절구
③ 떡살
④ 떡메

54

더 이상 가수분해되지 않는 것은?

① 유당
② 자당
③ 갈락토오스
④ 맥아당

55

웃기떡으로 쓰이지 않는 떡은?

① 각색단자
② 각색주악
③ 부꾸미
④ 산병

56

쇠머리찰떡에 대한 설명으로 옳은 것은?

① 쇠머리 고기를 넣고 만든 음식이다.
② 모두배기 또는 모듬백이라고 불린다.
③ 멥쌀가루, 검정콩 등을 넣고 만든 떡이다.
④ 전라도에서 즐겨 먹는 떡이다.

57

떡의 명칭과 재료의 연결이 틀린 것은?

① 상실병 – 도토리
② 서여향병 – 더덕
③ 남방감저병 – 고구마
④ 청애병 – 쑥

58

전분의 호화와 관련 없는 요인은?

① 수분   ② 염도
③ 가열 온도   ④ 용기

59

떡류의 보관 방법으로 틀린 것은?

① 여름철에 상온에서 24시간 보관해서는 안 된다.
② 오래 보관한 상품은 판매하지 않는다.
③ 진열 전의 떡은 따뜻한 곳에 보관한다.
④ 당일 제조한 제품만 판매한다.

60

팥에 대한 설명으로 옳은 것은?

① 4시간 정도 불린다.
② 씻은 후 바로 오래 끓인다.
③ 사포닌 성분이 있다.
④ 팥을 삶을 때 소다를 넣으면 비타민 C가 파괴된다.

✓ 빠른 정답 체크

56

쇠머리떡은 찹쌀가루와 부재료만 쪄내어 성형하여 만든 떡으로 방법으로 충청도에서 즐겨 먹는다.

| 정답 | ②

57

서여향병은 마를 통째로 찐 후 썰어 꿀에 재어 두었다가 찹쌀가루를 묻혀서 지져낸 다음 잣가루를 입힌 떡이다.

| 정답 | ②

58

호화의 요인에는 수분 함량, 염도, 가열 온도, 전분의 종류, 당도, pH가 있다.

| 정답 | ④

59

진열 전인 떡은 서늘한 곳에 보관한다.

| 정답 | ③

60

① 팥은 팥물이 빠지기 때문에 불리지 않는다.
② 처음 끓인 물은 버리고 다시 새 물로 끓인다.
④ 팥을 삶을 때 소다를 넣으면 비타민 B₁이 파괴된다.

| 정답 | ③

제 03 회 기출복원 모의고사

01
다음 중 3대 영양소에 해당되지 <u>않는</u> 것은?

① 탄수화물 　　　　　② 단백질
③ 지질 　　　　　　　④ 무기질

02
약식의 유래를 기록한 문헌은?

①「삼국사기」　　　　②「해동역사」
③「삼국유사」　　　　④「지봉유설」

03
아이의 첫돌 상차림의 떡으로 옳은 것은?

① 백설기 　　　　　　② 가래떡
③ 봉치떡 　　　　　　④ 쑥단자

04
단오(수릿날)에 먹는 떡으로 수리취를 넣어 떡을 빚어 수레바퀴 문양의 떡살로 찍어
낸 떡은?

① 차륜병 　　　　　　② 석탄병
③ 가피병 　　　　　　④ 첨세병

05
봉채떡에 관한 설명으로 틀린 것은?

① 시루에 멥쌀가루와 붉은팥고물을 두켜 안치고 대추와 밤을 둥글게 돌려 담아
　 찐 떡이다.
② 대추는 자손의 번창을 의미한다.
③ 밤은 풍요와 장수를 의미한다.
④ 신부집에서 만드는 혼례 떡이다.

✓ 빠른 정답 체크

01
• 3대 영양소는 탄수화물, 단백질, 지
　질이다.
• 무기질은 체조직을 구성하고 생리작
　용을 조절한다.
　　　　　　　　　　　|정답| ④

02
「삼국유사」에 의하면 약식은 신라 소지
왕 때 목숨을 살려준 까마귀에 대한 보
은으로 찰밥을 지어 먹은 정월대보름
의 풍습에서 유래한다.
　　　　　　　　　　　|정답| ③

03
② 가래떡 – 설날
③ 봉치떡 – 혼례
④ 쑥단자 – 한식
　　　　　　　　　　　|정답| ①

04
② 석탄병 – 감가루와 대추, 밤 등을
　 첨가해 찐 설기떡
③ 가피병 – 바람떡, 개피떡
④ 첨세병 – 설날에 먹는 음식으로 떡
　 국을 가리키는 말
　　　　　　　　　　　|정답| ①

05
봉채떡은 봉치떡이라고도 하며, 찹쌀
가루로 만든 떡이다.
　　　　　　　　　　　|정답| ①

06

떡의 포장 재질에 대한 설명으로 틀린 것은?

① 알루미늄박 – 자외선에 의해 변질되는 식품의 포장에 적합하다.
② 폴리에틸렌(PE) – 증기의 투과성이 좋고 내유성이 좋다.
③ 아밀로오스 필름 – 물에 녹지 않으며 신축성이 좋다.
④ 폴리스티렌(PS) – 가격이 저렴하고 가공성이 용이하며 투명, 무색이고 광학적 성질이 우수하다.

07

어레미에 쳐서 만드는 떡이 아닌 것은?

① 백편
② 송편
③ 두텁떡
④ 느티떡

08

치는 떡이 아닌 것은?

① 꽃절편
② 인절미
③ 상추떡
④ 개피떡

09

각 지역별 향토떡의 연결이 틀린 것은?

① 경기도 – 여주산병, 느티떡
② 강원도 – 감자떡, 찰옥수수떡
③ 충청도 – 곤떡, 호박송편
④ 평안도 – 송기떡, 수리취떡

10

다음 중 무지개떡을 만들 때 가장 먼저 하는 것은?

| ㉠ 등분하기 | ㉡ 색 내기 | ㉢ 찌기 | ㉣ 설탕 넣기 |

① ㉠
② ㉡
③ ㉢
④ ㉣

06

• 폴리에틸렌(PE)은 인체 무독성으로 식품 포장재로 가장 많이 사용하며 내수성이 좋다.
• 증기의 투과성이 좋고 내유성이 좋은 재질은 셀로판이다.

|정답| ②

07

• 어레미는 아주 성글게 짠 체이다.
• 송편은 고운체로 체질한다.

|정답| ②

08

상추떡은 멥쌀가루와 상추를 넣어 시루에 찐 떡이다.

|정답| ③

09

평안도의 향토떡은 장떡, 뽕떡, 언감자떡, 송기떡 등이다. 수리취떡은 전라도의 향토떡이다.

|정답| ④

10

무지개떡 만드는 순서는 '쌀 씻기 → 불리기 → 물 빼기 → 빻기 → 소금 넣기 → 등분하기 → 각각의 색을 내서 물주기 → 체에 내리기 → 설탕 넣기 → 각각의 색 순서대로 수평으로 안친 후 찌기'이다.

|정답| ①

11

찰떡류 제조 과정에 대한 설명으로 틀린 것은?

① 불린 찹쌀을 한 번만 빻아 거칠게 만들어 준다.
② 찹쌀가루를 체에 여러 번 내려 찐다.
③ 찰떡은 메떡에 비해 찔 때 소요되는 시간이 길다.
④ 찰떡은 아밀로펙틴이 많아 점성이 강하고 차지다.

12

유전병이 아닌 것은?

① 화전   ② 빙떡
③ 혼돈병   ④ 곤떡

13

계량하는 방법에 대한 설명으로 틀린 것은?

① 밀가루를 잴 때에는 측정 직전에 체로 친 뒤 눌러 담아 계량한다.
② 버터나 마가린을 잴 때에는 실온에 두어 부드럽게 만든 후 계량컵에 꼭꼭 눌러 담아 윗면을 주걱으로 깎아 계량한다.
③ 흑설탕은 꼭꼭 눌러 계량한다.
④ 액체류를 계량할 때에는 눈금 표시가 되어 있는 투명 컵을 사용하여 눈금과 액체 표면의 아랫부분을 눈과 같은 높이로 맞추어 계량한다.

14

떡류 보관 관리에 대한 설명으로 틀린 것은?

① 오래 보관된 제품은 판매하지 않도록 한다.
② 당일 제조 및 판매 물량만 확보하여 사용한다.
③ 여름철에도 상온에서 24시간까지는 보관해도 된다.
④ 진열 전인 떡은 서늘하고 빛이 들지 않는 곳에 보관한다.

15

잠복기가 가장 짧은 식중독은?

① 황색포도상구균 식중독
② 살모넬라 식중독
③ 장염비브리오 식중독
④ 장구균 식중독

✓ 빠른 정답 체크

11

아밀로펙틴이 수증기에 의해 쉽게 호화되면서 점성이 생기는데 체에 여러 번 내리면 수증기가 위로 오르는 것을 방해하여 잘 안 익을 수 있다.

| 정답 | ②

12

혼돈병은 찹쌀가루에 승검초가루, 계핏가루, 꿀 등을 섞어 찌는 떡이다.

| 정답 | ③

13

밀가루를 계량할 때에는 체로 쳐서 수북하게 담은 후 편평하게 깎아 측정한다. 이때 누르거나 흔들지 않도록 주의해야 한다.

| 정답 | ①

14

여름철에는 상온에서 24시간 보관하면 쉽게 상할 수 있으므로 단시간에 섭취하는 것이 좋고, 바로 섭취가 불가능할 때에는 한 김 식히고 밀봉하여 냉동 보관하는 것이 좋다.

| 정답 | ③

15

황색포도상구균은 잠복기가 3시간 정도로 가장 짧다.

| 정답 | ①

16

포장·용기의 표시 사항이 <u>아닌</u> 것은?

① 제품명
② 식품의 유형
③ 식품을 만든 사람과 업소명 및 소재지
④ 제조연월일 또는 유통기한

17

냉장·냉동 보관 방법에 대한 설명으로 <u>잘못된</u> 것은?

① 냉장 보관 시 수분 증발을 막기 위해 식품을 밀봉해서 보관한다.
② 조리된 음식은 윗칸에 보관한다.
③ −18℃ 이하가 되도록 급속동결한 후 판매할 목적으로 포장된 식품을 냉동 식품이라 한다.
④ 채소류는 신선함을 유지하기 위해 손질하지 않고 동결한다.

18

다음 중 자연독 식중독의 물질과 원인 식품의 연결이 <u>잘못된</u> 것은?

① 리신 – 피마자
② 셉신 – 감자의 썩은 부위
③ 시큐톡신 – 독보리
④ 듀린 – 수수

19

인절미를 만드는 방법으로 <u>틀린</u> 것은?

① 찹쌀가루에 물을 넣어 비비고 설탕을 골고루 섞는다.
② 찜기에 젖은 면포를 깔고 설탕을 솔솔 뿌린다.
③ 쌀가루를 덩어리로 만들어 40분 정도 찌고 5분간 뜸을 들인다.
④ 먹기 좋은 크기로 잘라 콩가루를 묻힌다.

20

두텁떡에 사용할 거피팥고물을 만들 때 사용하는 도구가 <u>아닌</u> 것은?

① 냄비
② 어레미
③ 번철
④ 찜기

16

떡 포장 시 제품명, 식품의 유형, 유통기한, 원재료명, 품목보고번호, 함량 및 성분명, 보관 방법, 주의사항 등을 표시해야 한다.

|정답| ③

17

채소류는 데친 후 식혀 동결한다.

|정답| ④

18

• 시큐톡신은 독미나리의 독소이다.
• 독보리의 독소는 테무린이다.

|정답| ③

19

인절미는 찹쌀가루를 가볍게 쥐어 놓고 찜기에 찐다.

|정답| ③

20

두텁떡에 사용하는 거피팥고물을 만드는 순서는 '물에 불리기 → 찜기에 찌기 → 어레미에 내리기 → 양념하기 → 번철에 볶기'이다. 즉, 거피팥고물을 만들 때 냄비는 사용하지 않는다.

|정답| ①

21

떡의 어원에 대한 설명으로 틀린 것은?

① 첨세병은 떡국을 먹으면 나이를 하나 더하게 된다는 뜻으로 붙여진 이름이다.
② 석탄병은 '맛이 좋아 삼키기 아깝다'라는 뜻에서 붙여진 이름이다.
③ 약편은 멥쌀가루에 계피, 천궁, 생강 등 약제를 넣어 붙여진 이름이다.
④ 차륜병은 수리취떡에 수레바퀴 모양의 문양을 내어 붙여진 이름이다.

22

막걸리를 이용한 떡은?

① 증편 　　　　　　　　　② 절편
③ 빙자병 　　　　　　　　④ 산병

23

돌상에 올리는 떡으로 틀린 것은?

① 백설기 　　　　　　　　② 달떡
③ 오색송편 　　　　　　　④ 수수경단

24

책례에 대한 설명으로 틀린 것은?

① 책 한 권씩 끝낼 때마다 행하는 의례이다.
② 떡과 음식을 푸짐하게 차려 선생님께 감사의 뜻을 전했다.
③ 작은 모양의 오색송편과 경단을 만들어 먹었다.
④ 우리나라의 식품전문서로 가장 오래된 책의 이름이다.

25

식품 포장의 기능에 대한 설명으로 옳지 않은 것은?

① 유통이 편리해진다.
② 상품성이 높아져 판매가 촉진된다.
③ 파손을 방지하고 노화를 지연시킨다.
④ 품질 보존만을 목적으로 한다.

21
약편은 충청도의 향토떡으로 멥쌀가루에 대추고와 막걸리를 넣어 찐 떡이다.
|정답| ③

22
② 절편 – 시루에 찐 설기를 떡메로 쳐 한 덩어리로 만들어 떡살로 찍은 떡
③ 빙자병 – 녹두를 갈아 팥이나 밤을 소로 넣어 지져낸 떡
④ 산병 – 멥쌀가루를 쪄서 안반에 쳐 얇게 민 다음 소를 넣고 개피떡처럼 찍어 낸 떡
|정답| ①

23
달떡은 보름달처럼 밝게 비추고 둥글게 채우며 잘 살도록 기원하는 의미로 혼례상에 올리는 떡이다.
|정답| ②

24
우리나라의 식품전문서로 가장 오래된 책은 「도문대작」이다.
|정답| ④

25
과거에 식품 포장을 상품의 품질 보존과 보호를 위해서 실시했다면 현재는 식품의 보관뿐만 아니라 판촉 및 홍보 등의 기능을 더했다.
|정답| ④

26

환갑 상차림에 대한 설명으로 **틀린** 것은?

① 백편, 녹두편 등을 올린다.
② 화전이나 주악, 단자 등을 웃기로 장식한다.
③ 달떡과 색떡을 올려 장식한다.
④ 색떡으로 나뭇가지에 꽃이 핀 모양의 모조화를 만들어 장식한다.

27

혼례떡이 <u>아닌</u> 것은?

① 봉채떡   ② 달떡
③ 색떡   ④ 무지개떡

28

사월 초파일에 먹는 떡은?

① 느티떡   ② 차륜병
③ 떡수단   ④ 약식

29

살균·소독법에 대한 설명으로 **틀린** 것은?

① 자외선 살균법 – 2,500~2,800Å의 자외선을 이용한 살균법
② 건열 멸균법 – 150~160℃ 정도의 높은 온도에서 30~60분간 멸균하는 방법
③ 고온단시간 살균법 – 70~75℃에서 15~30초간 살균하는 방법
④ 자비 멸균법 – 130~140℃에서 2초간 살균하는 방법

30

함경도의 향토떡이 <u>아닌</u> 것은?

① 언감자송편   ② 꼬장떡
③ 기장인절미   ④ 꽃송편

26
달떡, 색떡은 혼례상에 올리는 떡이다.
|정답| ③

27
무지개떡은 돌상에 올리는 떡이다.
|정답| ④

28
② 차륜병 – 단오(음력 5월 5일)
③ 떡수단 – 유두(음력 6월 15일)
④ 약식 – 정월대보름(음력 1월 15일)
|정답| ①

29
자비 멸균법은 100℃로 끓는 물에 15~20분간 가열 살균하는 방법이다.
|정답| ④

30
꽃송편은 전라도의 향토떡이다.
|정답| ④

31

영업에 종사할 수 있는 질병은?

① 이질
② 화농성질환
③ 에이즈(AIDS)
④ 결핵(비감염성)

32

제사상에 올리지 <u>않는</u> 떡은?

① 붉은팥시루떡
② 인절미
③ 증편
④ 거피팥시루떡

33

전분 호화에 대한 설명으로 <u>틀린</u> 것은?

① 멥쌀보다 찹쌀이 호화가 빨리 일어난다.
② 수분 함량이 많을수록 호화가 더 잘 된다.
③ 전분의 입자가 클수록 팽윤이 빠르고 호화 온도가 낮다.
④ 가열 온도가 높을수록 호화가 빠르다.

34

세균성 식중독 중 감염형이 <u>아닌</u> 것은?

① 살모넬라 식중독
② 포도상구균 식중독
③ 장염비브리오 식중독
④ 병원성 대장균 식중독

35

약밥을 만드는 과정에 대한 설명으로 <u>틀린</u> 것은?

① 불린 찹쌀에 부재료를 넣어 한 번에 찐다.
② 얼룩지지 않도록 간장과 다른 양념을 골고루 버무린다.
③ 설탕과 물을 갈색이 나도록 졸여 캐러멜소스를 만든다.
④ 1차로 찔 때 충분히 쪄야 간과 색이 잘 밴다.

36

찹쌀을 멥쌀보다 거칠게 빻는 이유는 무엇 때문인가?

① 아밀로펙틴   ② 아밀로오스
③ 갈락토오스   ④ 글루테닌

37

영업 신고를 해야 하는 업종이 <u>아닌</u> 것은?

① 일반음식점영업
② 유흥주점영업
③ 식품 소분·판매업
④ 위탁급식영업 및 제과점영업

38

현대적 떡 기구에 대한 설명이 <u>잘못된</u> 것은?

① 세척기 – 쌀과 물을 여러 번 회전시켜 물은 배수되고, 쌀은 걸러진다.
② 롤러 – 불린 곡물을 가루로 분쇄한다.
③ 설기체 – 쌀가루를 체에 풀어 준다.
④ 펀칭기 – 모양 틀을 용도에 맞게 꽂아 가래떡, 절편, 떡볶이 떡 등을 뽑을 수 있다.

39

약밥에 색을 내는 재료가 <u>아닌</u> 것은?

① 대추고   ② 참기름
③ 흑임자   ④ 간장

40

찹쌀떡이 멥쌀떡보다 더 늦게 굳는 이유는?

① 수분 함량이 적기 때문에
② pH가 낮기 때문에
③ 아밀로오스 함량이 많기 때문에
④ 아밀로펙틴 함량이 많기 때문에

41

떡의 보관 방법 중 가장 빨리 노화가 일어나는 방법은?

① 실온 보관
② 급속 냉동식 보관
③ 냉장고 보관
④ 냉동실 보관

42

팥고물 제조 과정에 대한 설명으로 옳은 것은?

① 팥을 씻어서 찬물을 붓고 강불에 올려 끓으면 첫 물은 따라 버리고 다시 찬물을 부어 익힌다.
② 팥은 3시간 이상 불려 중불에서 30~40분 익히면 된다.
③ 팥은 설탕을 넣고 삶아야 색이 진하게 나온다.
④ 팥에 소다를 넣으면 영양소를 보호할 수 있다.

43

인절미에 대한 설명으로 옳지 않은 것은?

① 인병, 은절병 등으로도 불린다.
② 켜떡에 해당한다.
③ 찹쌀가루로 만든 떡이다.
④ 혼례 때 상에 놓거나 이바지 음식으로 사용한다.

44

식품 중 미생물의 발육을 억제하기 위해 수분활성도를 낮추는 방법으로 틀린 것은?

① 방부제 첨가
② 설탕 첨가
③ 식염 첨가
④ 냉동

45

작업자가 개인 안전관리를 위해 안전관리 점검표에 따라 매일 점검하고 기록·관리해야 하는 사항이 아닌 것은?

① 점검일자
② 근무 시간
③ 제조공정별 개인 안전관리 상태
④ 개선 조치 사항

46

송편에 대한 설명으로 틀린 것은?

① 송편은 날반죽해야 빚기가 용이하다.
② 솔잎을 켜켜이 넣고 찐 데서 이름이 붙여졌다.
③ 추석에 만드는 송편은 오려송편이다.
④ 쑥송편은 데친 쑥과 쌀을 함께 넣어 빻는다.

47

다음에서 설명하는 포장 재질은?

> 인체에 무해하여 식품의 포장재로 가장 많이 사용한다. 수분 차단성이 좋으며 소량 생산
> 에도 포장 규격화가 가능하다.

① 셀로판   ② 은박지
③ 폴리스티렌(PS)   ④ 폴리에틸렌(PE)

48

지역별 향토떡의 특징으로 옳지 <u>않은</u> 것은?

① 서울, 경기 – 떡 종류가 다양하고 화려하다.
② 전라도 – 곡식이 풍부하고, 감을 많이 사용한다.
③ 경상도 – 잡곡을 재료로 사용한 떡이 많다.
④ 평안도 – 다른 지방에 비해 떡의 크기가 크다.

49

떡을 칠 때 사용하는 도구가 <u>아닌</u> 것은?
① 떡판   ② 절구
③ 떡메   ④ 이남박

50

천연 발색제의 색과 성분의 연결이 틀린 것은?

① 초록색 – 클로로필
② 갈색 – 카로티노이드
③ 노란색 – 플라보노이드
④ 분홍색 – 안토시아닌

46

송편은 익반죽해야 빚기가 용이하다.

|정답| ①

47

폴리에틸렌은 투명도가 뛰어나고 방습
성이 좋다.

|정답| ④

48

• 경상도는 부재료로 콩을 많이 사용
한다.
• 잡곡을 재료로 사용한 떡이 많은 지
역은 제주도이다.

|정답| ③

49

이남박은 쌀을 씻는 도구이다.

|정답| ④

50

• 갈색의 성분은 탄닌이다.
• 카로티노이드는 노란색의 성분이다.

|정답| ②

51

두류에 대한 내용으로 틀린 것은?

① 대두의 단백질은 글리시닌이며 수용성이다.
② 조리 시 수침 과정을 거친 뒤 삶으면 조리 시간이 단축된다.
③ 팥을 삶을 때 소다를 넣고 삶으면 영양가의 손실이 적다.
④ 날콩 속에는 소화를 저해하는 트립신 저해 물질이 있다.

52

멥쌀로 만든 떡이 아닌 것은?

① 송편
② 가래떡
③ 경단
④ 백설기

53

같은 색의 발색제로 짝지어진 것은?

① 석이버섯, 계핏가루
② 지초, 대추고
③ 치자, 송화가루
④ 비트, 승검초

54

떡 제조 시 작업자의 개인위생에 대한 설명으로 틀린 것은?

① 작업 변경 시마다 위생장갑을 교체한다.
② 개인 장신구는 소독하여 착용한다.
③ 귀와 머리카락이 보이지 않게 모자를 착용한다.
④ 신발은 외부용 신발과 구분하여 착용한다.

55

다음 중 「삼국사기」에 나오는 떡을 모두 고른 것은?

> 가. 유리와 탈해 두 사람이 떡을 깨물어 떡에 남은 치아 수가 더 많은 유리를 왕위에 올렸다. – 치는 떡
> 나. 죽지랑이 부하인 득오가 급하게 떠난다는 것을 알고 설병 한 합과 술 한 병을 가지고 찾아가서 먹었고 설병 떡 이름이 처음 나온 기록이다. – 설기떡
> 다. 제향을 모실 때 세시마다 술, 감주, 떡, 밥, 차, 과일 등 차린 음식을 기록하였다. – 제사에 떡을 사용한다.
> 라. 백결선생이 떡을 치지 못하는 아내를 위로하기 위해 거문고로 떡방아 소리를 내었다는 기록이 있다. – 치는 떡

① 가, 다
② 가, 라
③ 나, 다
④ 나, 라

세그먼트

✓ 빠른 정답 체크

51

팥을 삶을 때 소다를 넣으면 빨리 무르게 하지만 비타민 B_1이 파괴된다.

|정답| ③

52

경단은 찹쌀가루 등을 익반죽하여 둥글게 빚어 삶아 고물을 묻힌 떡이다.

|정답| ③

53

• 노란색 – 치자, 송화가루, 단호박가루
• 검은색 – 석이버섯, 흑임자
• 갈색 – 계핏가루, 대추고, 도토리가루
• 분홍색 – 지초, 비트, 오미자
• 초록색 – 승검초, 녹차, 쑥, 모시잎

|정답| ③

54

조리 작업장에서는 장신구를 착용하면 안 된다.

|정답| ②

55

나, 다는 「삼국유사」에 수록된 내용이다.

|정답| ②

56

미생물 증식에 필요한 수분활성도가 높은 미생물 순으로 나열한 것은?

① 곰팡이 > 효모 > 세균
② 세균 > 효모 > 곰팡이
③ 효모 > 세균 > 곰팡이
④ 세균 > 곰팡이 > 효모

57

고려시대 떡에 대한 기록으로 틀린 것은?

① 「규합총서」 – 석탄병
② 「목은집」 – 수단
③ 「해동역사」 – 율고
④ 「지봉유설」 – 청애병

58

초록색을 나타내는 발색제가 아닌 것은?

① 쑥 분말   ② 승검초 분말
③ 모시잎   ④ 대추고

59

대장균을 위생학적으로 중요하게 생각하는 이유는?

① 중독의 원인이기 때문에
② 부패균이기 때문에
③ 분변 오염의 지표이기 때문에
④ 대장염을 일으키기 때문에

60

멥쌀가루를 쪄낸 다음 절구에 쳐서 길게 밀어 모양을 만든 떡은?

① 가래떡   ② 단자
③ 약식   ④ 무지개떡

필기 핵심요약+기출복원 모의고사

누워서 떡먹기

2025 최신판

에듀윌 떡제조기능사
필기·실기 한권끝장
+ 과제 무료특강

고객의 꿈, 직원의 꿈, 지역사회의 꿈을 실현한다

에듀윌 도서몰
book.eduwill.net

· 부가학습자료 및 정오표: 에듀윌 도서몰 > 도서자료실
· 교재 문의: 에듀윌 도서몰 > 문의하기 > 교재(내용, 출간) / 주문 및 배송

시험에 출제되는 두 과제씩 묶어서 구성하였으며 응용떡 레시피를 수록하였다.
실제 시험지를 그대로 재현한 페이지와 상세한 조리과정, 무료특강으로 혼자서도 합격할 수 있다.

콩설기떡, 부꾸미

무료 동영상

시험시간 2시간

※ 실제 시험지와 유사하게 구성하였어요!

가. 지급된 재료 및 시설을 사용하여 콩설기떡을 만들어 제출하시오.
1) 떡 제조 시 물의 양은 적정량으로 혼합하여 제조하시오(단, 쌀가루는 물에 불려 소금 간하지 않고 2회 빻은 멥쌀가루임).
2) 불린 서리태는 삶거나 쪄서 사용하시오.
3) 서리태의 1/2 정도는 바닥에 골고루 펴 넣으시오.
4) 서리태의 나머지 1/2 정도는 멥쌀가루와 골고루 혼합하여 찜기에 안치시오.
5) 찜기에 안친 후 물솥에 얹어 찌시오.
6) 서리태를 바닥에 골고루 펴 넣은 면이 위로 오도록 그릇에 담고, 썰지 않은 상태로 전량 제출하시오.

재료명	비율(%)	무게(g)
멥쌀가루	100	700
설탕	10	70
소금	1	7
물		적정량
불린 서리태	–	160

나. 지급된 재료 및 시설을 사용하여 부꾸미를 만들어 제출하시오.
1) 떡 제조 시 물의 양을 적정량으로 혼합하여 반죽을 하시오(단, 쌀가루는 물에 불려 소금 간하지 않고 1회 빻은 찹쌀가루임).
2) 찹쌀가루는 익반죽하시오.
3) 반죽은 직경 6cm로 지져 빚은 후 팥앙금을 소로 넣어 반으로 접으시오 (⌒).
4) 대추와 쑥갓을 고명으로 사용하고 설탕을 뿌린 접시에 부꾸미를 담으시오.
5) 부꾸미는 12개 이상으로 제조하여 전량 제출하시오.

재료명	비율(%)	무게(g)
찹쌀가루	100	200
백설탕	15	30
소금	1	2
물		적정량
팥앙금	–	100
대추	–	3개
쑥갓	–	20
식용유	–	20ml

콩설기떡 만들기

불린 서리태는 뚜껑을 열고 15~20분 정도 삶기
→ 체에 건져 물기 빼기
→ 소금 간하기

멥쌀가루에 소금을 넣고 체에 내리기
→ 물을 넣고 다시 체에 내린 후 설탕 섞기

찜기에 시룻밑을 깔고 바닥에 서리태 1/2을 고루 펴기

쌀가루에 나머지 서리태를 넣고 고루 섞어 찜기에 평편하게 담기
→ 김 오른 찜기에 올려 15분 정도 찌기(찌시간은 적절히 가감)
→ 밑면이 위로 오게 담기

부꾸미 만들기

익반죽한 반죽을 균일하게 나누기
→ 팥앙금을 균질하게 빚어 팥소 만들기

대추는 돌려깎기하여 꽃 모양으로 만들기
→ 찬물에 담가둔 쑥갓 잎을 작게 떼어내기

반죽은 직경 6cm 크기로 둥글납작하게 만들기
→ 팬에 기름을 두르고 약불에서 투명하게 지지기

설탕 뿌린 접시에 부꾸미를 올려 소를 넣고 반으로 접기(팬 위에서 소를 넣고 반으로 접으도 됨)
→ 윗면에 대추, 쑥갓 고명 올리기

에듀윌만의 특별부록

누워서 떡먹기

단기 합격에 꼭 필요한 핵심요약과 기출 복원 모의고사를 부록으로 제공한다.

에듀윌 떡제조기능사
필기·실기 한권끝장+과제 무료특강

시작하는 방법은
말을 멈추고
즉시 행동하는 것이다.

– 월트 디즈니(Walt Disney)

에듀윌
떡제조기능사

필기·실기 한권끝장

+과제 무료특강

차례
CONTENTS

| CBT 모의고사 응시 방법 |
STEP 1. 휴대전화로 교재 내 QR코드를 찍는다.
STEP 2. 로그인 및 회원가입을 한다.
STEP 3. 문제풀이 & 채점 & 분석을 한다.

실기

| 실기 무료강의 수강 방법 |

방법1. 휴대전화로 교재 내 QR코드를 찍는다.
방법2. 유튜브에서 '에듀윌 떡제조기능사'를 검색한다.

필기 특별부록   누워서 떡먹기

필기 핵심요약

기출복원 모의고사

저자 소개
INTRODUCTION

문혜자

- 떡제조기능사 실기 출제 및 감독위원
- 중식, 한식, 양식, 일식, 복어 조리기능사 실기 감독위원
- 중식, 한식, 양식, 복어 조리산업기사 실기 감독위원
- 중식, 한식, 복어 조리기능장 실기 감독위원
- 한식 조리기능장/산업기사, 중식 조리기능사 실기 출제 및 검토위원
- 과정형평가 개발, 평가위원, 실기 감독위원
- 한국관광대학교 호텔조리과 겸임교수
- 기능경기대회, 명장, 명인 심사위원
- NCS(국가직무능력표준) 개발, 심의, 자문위원

김애숙

- 수원여자대학교 호텔조리과 겸임교수
- 광운대학교 실감융합콘텐츠학과 박사 졸업
- (사)한국조리사협회 경기도지회 조리기술지도 이사
- 조리기능장 취득
- 떡제조기능사 취득
- 한식 조리산업기사 취득
- 한식, 양식, 일식, 중식 조리기능사 취득
- 식품위생서비스 경기도지사, 수원시장상 수상

강승희

- 강승희요리실용전문학교 교장
- 강승희제과제빵커피학원 대표
- (전)한식, 양식, 일식, 중식, 복어 조리기능사 실기 감독위원
- 떡제조기능사 취득
- 조리기능장 취득
- 한식 조리산업기사 취득
- 한식, 양식, 중식, 일식, 복어 조리기능사 취득
- 한식발전 서울시장상 수상
- 식품위생서비스 경기도지사상 수상

저자 메시지
MESSAGE

어디서부터 공부해야
될지 모르겠어요.

한 번에
합격하고 싶어요!

혼자 공부할 수
있을까요?

합격에 대한 끊임없는 고민 끝에
합격에 최적화된 교재로 탄생하였습니다!

떡제조기능사 시험 검토 및 출제위원, 실기 감독위원과 교육현장에서의 경험을 바탕으로 수험생들이 궁금해하는 부분, 난이도 높은 부분 등을 쉽게 풀고자 노력하였습니다.

필기는 출제기준에 맞춰 구성하고, 그동안 출제된 내용과 앞으로 출제될 내용을 모두 수록하였습니다. 바쁜 수험생들을 위해 틈새시간에도 학습할 수 있도록 부록 '누워서 떡먹기'도 준비하였습니다.

실기는 전 과제에 상세한 제조 과정을 사진과 함께 수록하였습니다. 실제 시험에 같이 출제되는 두 과제씩 묶어서 조리과정을 보여주는 무료특강은, 시간 절약과 제조 스킬을 기를 수 있어 독학으로 학습하는 데에도 어려움이 없을 것이라 생각됩니다.

시험에 대한 정보가 부족해 불안할 수험생을 위해 본 교재에 떡제조기능사에 대한 모든 것을 담았습니다. 본 교재를 선택한 모든 수험생분들의 합격을 진심으로 기원합니다.

마지막으로 사전작업을 도와준 제자 김승환 군과 열정적으로 피드백을 주신 에듀윌 출판사업본부에 감사 인사를 드립니다.

저자 일동

시험안내
INFORMATION

시행기관　　　한국산업인력공단(q-net.or.kr)

시험 응시 절차

필기 원서접수

- 사진(6개월 이내에 촬영한 3.5cm×4.5cm, 120×160픽셀의 JPG 파일) 첨부
- 시험 응시 수수료 14,500원 전자 결제
- 시험장소 본인 선택(선착순)

필기 시험

- 수험표, 신분증, 필기구 지참
- CBT형(시험 종료 즉시 합격 여부 발표)/시험시간 60분

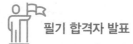 필기 합격자 발표

실기 원서접수

- 사진(6개월 이내에 촬영한 3.5cm×4.5cm, 120×160픽셀의 JPG 파일) 첨부
- 시험 응시 수수료 37,300원 전자 결제
- 시험장소 본인 선택(선착순)

실기 시험

- 수험표, 신분증, 수험자 준비물 지참
- 작업형/시험시간 2시간

 최종 합격자 발표

자격증 발급

[인터넷] 공인인증 등을 통해 발급, 택배 가능
[방문 수령] 신분 확인서류 필요

환불 기준

적용기간	접수기간 중	접수기간 후	회별 시험 시작 4일 전~회별 시험 시작일
환불 적용률	100%	50%	취소 및 환불 불가

★ 실기시험의 환불 기준일은 수험자가 접수한 시험일이 아닌, 회별 시험의 시행 시작일입니다.
★ 가상계좌의 경우 취소 후 환불되기까지 약 2~7일 정도 소요됩니다.
★ 환불 결과는 별도로 통보되지 않습니다.

출제기준

▶ 필기

주요 항목	세부 항목	세세 항목
떡 제조 기초이론	떡류 재료의 이해	• 주재료(곡류)의 특성 • 주재료(곡류)의 성분 • 주재료(곡류)의 조리원리 • 부재료의 종류 및 특성 • 과채류의 종류 및 특성 • 견과류 · 종실류의 종류 및 특성 • 두류의 종류 및 특성 • 떡류 재료의 영양학적 특성
	떡의 분류 및 제조도구	• 떡의 종류 • 제조기기(롤밀, 제병기, 펀칭기 등)의 종류 및 용도 • 전통도구의 종류 및 용도
떡류 만들기	재료 준비	• 재료관리 • 재료의 전처리
	고물 만들기	• 찌는 고물 제조 과정 • 삶는 고물 제조 과정 • 볶는 고물 제조 과정
	떡류 만들기	• 찌는 떡류(설기떡, 켜떡 등) 제조 과정 • 치는 떡류(인절미, 절편, 가래떡 등) 제조 과정 • 빚는 떡류(찌는 떡, 삶는 떡) 제조 과정 • 지지는 떡류 제조 과정 • 기타 떡류(약밥, 증편 등) 제조 과정
	떡류 포장 및 보관	• 떡류 포장 및 보관 시 주의사항 • 떡류 포장 재료의 특성
위생 · 안전관리	개인 위생관리	• 개인 위생관리 방법 • 오염 및 변질의 원인 • 감염병 및 식중독의 원인과 예방 대책
	작업환경 위생관리	공정별 위해요소 관리 및 예방(HACCP)
	안전관리	• 개인 안전점검 • 도구 및 장비류의 안전점검
	식품위생법 관련 법규 및 규정	• 기구와 용기 · 포장 • 식품등의 공전(公典) • 영업 · 벌칙 등 떡 제조 관련 법령 및 식품의약품안전처 개별 고시
우리나라 떡의 역사 및 문화	떡의 역사	시대별 떡의 역사
	시 · 절식으로 서의 떡	• 시식으로서의 떡 • 절식으로서의 떡
	통과의례와 떡	• 출생, 백일, 첫돌 떡의 종류 및 의미 • 책례, 관례, 혼례 떡의 종류 및 의미 • 회갑, 회혼례 떡의 종류 및 의미 • 상례, 제례 떡의 종류 및 의미
	향토떡	• 전통 향토떡의 특징 • 향토떡의 유래

▶ 실기

직무 내용	곡류, 두류, 과채류 등과 같은 재료를 이용하여 식품위생과 개인 안전관리에 유의하여 빻기, 찌기, 발효, 지지기, 치기, 삶기 등의 공정을 거쳐 각종 떡류를 만드는 직무이다.
수행 준거	① 재료를 계량하여 전처리한 후 빻기 과정을 거쳐 준비할 수 있다. ② 떡의 모양과 맛을 향상시키기 위하여 첨가하는 부재료를 찌기, 볶기, 삶기 등의 각각의 과정을 거쳐 고물을 만들 수 있다. ③ 준비된 재료를 찌기, 치기, 삶기, 지지기, 빚기 과정을 거쳐 떡을 만들 수 있다. ④ 식품가공의 작업장, 가공기계 · 설비 및 작업자의 개인위생을 유지하고 관리할 수 있다. ⑤ 식품가공에서 개인 안전, 화재 예방, 도구 및 장비안전 준수를 할 수 있다. ⑥ 고객의 건강한 간식 및 식사대용의 제품을 생산하기 위하여 재료의 준비와 제조 과정을 거쳐 상품을 만들 수 있다.

떡 제조 기초이론

학습 POINT!

떡의 주재료, 부재료, 떡의 종류를 구분할 수 있어야 한다.
떡류 재료의 영양학적 특성을 이해하고
떡의 제조 원리는 공정별 주요 내용을 학습한다.

01
떡류 재료의 이해

02
떡의 분류 및 제조도구

01 떡류 재료의 이해

01 주재료(곡류)

1. 곡류의 개요

① 특성
- 곡류의 주성분은 탄수화물로 성인 하루 필요 열량의 60~65%를 차지하며, 1g당 4kcal의 열량을 낸다.
- 수분 함량이 적어 저장성이 좋다.

② 구조: 외피, 배아(단백질, 지방, 무기질이 풍부함), 배유(주로 섭취하는 부분으로 탄수화물 함량이 높음)로 이루어져 있다.

③ 구성: 전분이 70~75%, 단백질이 9~14%, 지방과 무기질이 4%이며 비타민 B_1, B_3 등을 함유하고 있다.

④ 도정도: 곡식의 겨층 및 배아의 박리 정도로, 배아는 도정에서 제거되거나 조리 과정 중 손실된다. 분도가 커질수록 소화 흡수율이 높지만 영양 손실은 많다.

⑤ 보관: 해충을 차단할 수 있는 용기에 담아서 서늘하고 건조한 장소에 보관한다(벼로 저장하는 것이 좋음).

> **합격보장 꿀팁** 형태에 따른 곡류의 종류
> - 자포니카형(일본형): 길이가 짧고 굵으며 둥근 모양으로, 밥을 지었을 때 끈기가 있다(단립미).
> - 인디카형(인도형): 가늘고 긴 모양으로, 밥을 지었을 때 끈기가 없고 씹을 때 단단하다(장립미).
> - 자바니카형: 길이와 끈기가 자포니카형과 인디카형의 중간 정도이다.

2. 떡류 제조에 사용하는 곡류 가루

① 쌀가루
- 쌀은 탄수화물(전분), 소량의 단백질(오리제닌)로 구성되어 있다.
- 쌀은 깨끗이 씻어 물에 불려 사용한다(여름에는 4~5시간, 겨울에는 6~9시간).
- 쌀을 물에 불리면 멥쌀의 부피가 2.4배 정도 증가하며 무게는 멥쌀이 1.2배, 찹쌀이 약 1.4배 증가한다.
- 불린 쌀 무게의 1.2~1.3% 정도의 소금을 넣고 가루로 빻아 사용한다.
- 쌀가루로 만드는 떡에는 송편, 쇠머리찰떡, 콩설기, 가래떡 등이 있다.
- 찹쌀은 멥쌀(백미)보다 비타민과 식이섬유가 풍부하다.
- 멥쌀가루와 찹쌀가루(점성에 따른 분류)

구분	멥쌀	찹쌀
수분 흡수율	20~25%	30~40%
아밀로오스 함량	20~30%	–
아밀로펙틴 함량	70~80%	100%
요오드 반응	청색(청자색)	적자색
특징	반투명하고 광택이 많다.	끈기가 있고 점성이 강하다.
호화 정도	찹쌀보다 호화가 빨리 일어난다.	멥쌀보다 호화가 느리다.
빻기	두 번 빻고 체질을 여러 번하여 사용한다(가루 사이에 공기가 많이 들어가서 부드러운 질감과 촉감을 내며, 찔 때 수증기가 잘 통과되어 떡이 잘 익음).	한 번만 빻고 체질을 하지 않아 거칠게 사용한다(아밀로펙틴이 수증기에 쉽게 호화되면서 점성이 생겨 수증기의 통과를 방해하여 떡이 잘 익음).

- 메떡(멥쌀가루를 이용): 백설기, 가래떡, 무지개떡(색편), 절편, 송편, 상추떡, 석탄병, 복령떡, 색떡 등
- 찰떡(찹쌀가루를 이용): 인절미, 두텁떡, 약식, 화전, 구름떡, 봉치떡(봉채떡), 쇠머리찰떡 등

② 보릿가루
- 탄수화물(전분), 단백질(호르데인), 비타민 B군 등을 많이 함유하고 있다.
- 깨끗이 씻어 물기를 제거한 보리에 소금을 넣고 가루로 빻아 사용한다.
- 햇보리로 만드는 떡에는 경기도 향토떡인 보리개떡이 있다.

③ 찰수수가루
- 수수는 떫은맛을 내는 탄닌을 제거하기 위해 붉은 물이 나오지 않을 때까지 물을 갈아 가며 씻어 사용한다.
- 다른 곡류에 비해 호화율이 낮고 잘 익지 않아 소화 흡수율이 낮다.
- 깨끗이 씻어 불린 수수에 물기를 제거한 후 소금을 넣고 빻아 사용한다.
- 찰수수가루로 만드는 떡에는 수수팥떡, 수수경단, 수수부꾸미, 노티 등이 있다.

④ 메밀가루
- 메밀에 들어 있는 루틴은 모세혈관이 약해지는 것을 방지하는 효과가 있어 고혈압이나 뇌출혈을 치료하는 약재로 쓰이기도 한다.
- 깨끗이 씻어 물기를 제거한 메밀을 맷돌에 갈고 키질하여 껍질을 제거한 후 알갱이만 곱게 갈아서 사용한다.
- 메밀가루로 만드는 떡에는 메밀주악, 겸절병, 도래떡, 빙떡, 총떡 등이 있다.

⑤ 차조가루
- 차조는 모양이 작고 푸르스름하면서 누런빛을 띠며 메조에 비해 끈기가 강하다.
- 차조가루를 사용하는 떡에는 오메기떡, 차조떡(강원도-차좁쌀인절미, 제주도-차좁쌀떡) 등이 있으며, 제주도에서 많이 사용한다.

⑥ 옥수숫가루
- 찰옥수수는 아밀로펙틴 함량이 약 100%로 영양면에서 탄수화물(전분), 단백질(제인)로 구성되어 있다.
- 옥수수를 쪄서 알갱이만 떼어 낸 후 말려서 가루로 만든다.
- 옥수숫가루와 쌀가루를 섞어 만든 떡으로 옥수수설기가 있다.

⑦ 도토리가루
- 도토리는 껍질을 제거한 후 물에 담가 떫은맛을 없애고 말려서 가루로 만든다.
- 떡을 만들 때에는 쌀가루와 섞어서 사용한다.
- 도토리 향과 쫄깃한 맛이 특징이다.

- 감자는 껍질을 제거하고 갈아 베 보자기에 꼭 짠 물을 받아 뽀얀 녹말이 가라앉으면 이를 말려 가루로 사용한다.
- 감자녹말을 사용한 떡에는 감자송편, 감자경단, 감자뭉생이 등이 있다.

3. 전분의 특성(전분의 변화)

생전분을 β-전분, 호화된 전분을 α-전분이라고 한다.

① 전분의 호화(전분의 α화)
- 전분에 물을 넣고 60~65℃ 정도로 가열하면 전분 입자가 팽윤되고 점성이 생기는 현상을 말한다.
- 호화된 전분은 맛이 좋고 소화율을 증진시킨다(갓 만든 떡이 맛있는 이유는 전분이 호화되어 식감이 부드럽기 때문임).

- 전분이 호화될 때 나타나는 현상: 부피 팽창, 콜로이드 용액 형성, 점도 증가, 전분 분자와 물 분자의 수소 결합
- 호화에 영향을 미치는 요인

전분의 종류	아밀로오스 함량이 높은 전분일수록 호화가 빠르다.
전분의 크기	전분의 입자 크기가 클수록 호화가 촉진된다.
수분	• 전분의 수분 함량이 많을수록 호화가 빠르다(저장 상태의 전분은 약 10%의 수분을 함유하고 있음). • 완전 호화에 필요한 수분량은 곡물량의 약 6배이다.
가열 온도	• 전분의 가열 온도와 압력이 높을수록 단시간에 호화가 된다. • 전분의 호화 온도의 범위는 60~70℃이다.
수소이온농도(pH)	• 알칼리 상태일수록 호화가 촉진된다. • 산 첨가 시 전분이 가수분해되어 호화가 잘 일어나지 않아 점도가 낮아진다.
당류	당류(설탕 등)를 사용할 경우 그 농도가 지나치면 호화되는 데 필요한 물을 당류가 흡수하여 전분의 호화에 영향을 미친다(설탕 농도가 20% 이상일 경우 호화를 억제함).
염류	소금의 염소(Cl)이온은 전분의 팽윤을 촉진시켜 전분의 호화를 쉽게 한다.

② 전분의 노화(전분의 β화)
- 호화된 전분이 굳어져 단단해진 것을 노화되었다고 한다.
  예 떡이나 밥이 딱딱하게 굳어진 것
- 노화된 전분은 효소에 의해 쉽게 분해되지 않기 때문에 소화율이 떨어진다.
  예 딱딱해진 떡을 그대로 먹으면 소화가 잘되지 않는다.
- 노화에 영향을 미치는 요인

전분의 종류	• 전분 중 아밀로오스가 아밀로펙틴보다 노화의 속도가 빠르므로 아밀로오스 함량이 높은 전분일수록 노화가 쉽게 일어난다(멥쌀이 찹쌀보다 노화가 빠름). • 전분 입자가 작을수록 노화가 빠르다.
수분	떡은 수분이 40~60%이므로 제조 직후부터 노화가 시작된다.
온도	0~4℃에서 노화가 가장 잘 일어나며, 60℃ 이상이나 냉동 상태에서는 노화가 잘 일어나지 않는다. 예 떡 제조 후 급속 냉동시키면 떡의 수분이 빙결 상태로 전분 분자 안에 머물게 되어 노화가 더 이상 진행되지 않으며, 이를 해동시키면 처음과 거의 비슷하게 돌아온다.
수소이온농도(pH)	pH가 낮을수록 노화가 빨라지다가 pH 2보다 강한 산성에서는 수소 결합이 촉진되면서 노화가 지연된다(pH 2에서 가장 빠름).
당류	당류(설탕 등)는 수분의 유지를 돕기 때문에 노화를 지연시킨다.
염류	무기염류는 노화를 억제하고, 황산염은 노화를 촉진한다.
유화제	유화제를 첨가하면 떡의 콜로이드 용액의 안정제를 증가시켜 주고, 전분 분자의 침전이나 결성 영역의 형성을 억제하여 노화를 지연시킨다.

🏅 **합격보장 꿀팁** **전분의 노화 방지법**

- 수분 15% 이하로 건조한다.
- 60℃ 이상에서 보온처리한다.
- 설탕이나 유화제를 첨가한다.
- 아밀로펙틴 비율을 높인다.
- 냉동 보관한다.

③ 전분의 호정화(덱스트린화)
- 전분에 물을 가하지 않고 160~180℃의 건열로 가열하면 덱스트린이 형성되며 구수한 맛과 갈색을 내는 상태를 말한다.
- 호정화를 이용한 식품에는 미숫가루, 누룽지, 튀밥 등이 있다.

④ 전분의 당화
- 전분이 효소나 산의 작용으로 가수분해되어 단당류나 이당류로 바뀌는 현상이다.
- 당화를 이용한 식품에는 식혜, 엿 등이 있다.

4. 곡류의 취급 및 보관 방법

취급 방법	세척 시 유해 물질이 잔류되지 않도록 맑은 물이 나올 때까지 세척하되 맛을 보존하기 위해 흐르는 물에 단시간 작업한다.
보관 방법	• 온도가 낮고 수분이 없는 실온에 보관한다. • 해충을 피할 수 있으면서 공기가 통하는 용기에 담아둔다.

02 부재료

1. 종류

혼합용	콩류, 팥, 밤, 대추, 호두, 은행 등
고물용	• 겉고물용: 콩고물, 팥고물, 녹두고물, 동부고물, 깨 • 속고물용: 앙금류, 볶은 참깨
감미료	설탕, 물엿, 조청, 꿀, 소금
발색제	오미자, 백년초, 초콜릿가루, 비트, 치자, 호박가루, 커피가루, 쑥가루, 딸기가루, 뽕잎가루 등
향료	계피, 유자, 커피, 초콜릿
윤활제	물, 기름, 유화제

2. 부재료를 넣었을 때의 효과
① 비타민 등 영양소를 보충한다.
② 쌀의 산성을 중화시킨다.
③ 노화를 억제시킨다.
④ 소화율을 상승시킨다.

3. 혼합용 부재료
① 콩류(두류)
- 종류

완두콩	• 전분이 많고 칼륨, 엽산, 비타민 A가 풍부하게 함유되어 있다. • 단맛이 나고 색이 고와 설탕에 조린 완두배기나 통조림 형태로 많이 사용한다. • 밥을 지을 때 사용하거나 소, 겉고물로 사용한다. • 채소류의 성질을 띤다. • 100g당 탄수화물 14g, 단백질 5g을 함유하므로 단백질보다 탄수화물 함량이 더 많다.
강낭콩	• 종류에 따라 색이 다양하다. • 밥을 지을 때 사용하거나 소, 고물로 사용한다.
동부(강두)	• 넝쿨을 뻗어 줄을 타고 자란다 하여 줄콩이라고도 한다. • 품종에 따라 백색, 흑색, 갈색, 적자색, 담자색 등 색이 다양하다. • 맛이 고소하며 아삭한 식감이 난다. • 식이섬유가 많아 포만감을 주므로 다이어트 음식으로도 적합하다. • 송편의 소나 겉고물로도 사용한다.
약콩(쥐눈이콩)	다른 두류에 비해 지방 분해 효과가 높다.
서리태	단백질 함량이 많아 쌀에 부족한 단백질 성분을 보충할 때 사용한다.

- 영양 성분
  - 콩의 단백질은 글리시닌이다.
  - 찹쌀에 부족한 단백질을 함유하여 영양상의 조화를 이룬다.
  - 안티트립신은 생콩에 들어 있는 단백질의 소화 저해 물질로, 가열하면 파괴되므로 콩은 익혀 먹어야 한다.
- 활용
  - 된장, 청국장, 두유, 대두유의 원료로 사용한다.
  - 콩류는 조직을 연하게 하고 불순물을 제거하기 위해 가열 전에 반드시 수침 과정을 거쳐야 한다(껍질이 두꺼운 콩류는 6~12시간 불려서 사용함).
  - 콩을 데칠 때 소다(0.3%)나 탄산칼륨(0.2%)을 첨가하면 콩이 더 부드럽고 연해진다.
  - 대두의 경우 1%의 소금물에 불려 사용하면 연화성과 흡습성이 높아진다.
  - 콩을 불릴 때 경수를 사용하면 경수의 칼슘이나 마그네슘이 콩 단백질의 변성을 일으켜 쉽게 물러지지 않는다.
  - 볶은 콩고물은 인절미 고물로, 찐 콩고물은 편 고물로 많이 사용한다.

② 팥
- 종류
  - 보통팥, 넝쿨팥, 계절에 따라 여름팥, 가을팥으로 구별한다.
  - 붉은팥, 검정팥, 푸른팥, 얼룩팥 등 색이 다양하다.
- 영양 성분
  - 탄수화물(약 64%), 단백질(약 19%), 비타민 B_1(각기병 예방), 사포닌, 섬유소를 함유한다.
  - 팥을 삶을 때 거품이 생기게 하는 물질인 사포닌은 설사를 유발하므로 처음 끓인 물은 버리고 다시 새 물을 부어 끓여 익힌다.
  - 팥은 불리지 않고 사용하며 팥을 삶을 때 소다를 넣으면 빨리 무르게 하지만 비타민 B_1이 파괴된다.
  - 팥시루떡의 팥은 멥쌀에 부족한 비타민 B_1을 보충한다.
- 활용

붉은팥	• 붉은팥은 붉은색이 물에 용출되어 색이 흐려지므로 물에 불리지 않고 사용한다. • 시루떡, 인절미, 수수팥떡의 겉고물, 경단, 찹쌀떡, 부꾸미 등의 속고물로 사용한다. • 붉은색이 액운을 막아준다고 하여 돌, 이사, 개업 등에 사용한다.
흰팥	• 편, 인절미 등의 겉고물, 경단, 찹쌀떡, 개피떡 등의 속고물로 사용한다. • 제사용 편으로 많이 사용한다.

③ 밤
- 탄수화물, 단백질, 지방을 함유하고 있으며, 칼슘, 비타민 C가 풍부하다.
- 성장과 발육에 도움을 주며, 위장 기능을 강화한다.
④ 대추
- 탄수화물을 함유하고 있으며, 비타민 C가 풍부하다.
- 가용성 당류(과당, 포도당 등)를 다량 함유하고 있어 감미가 강하다.
- 사포닌, 비타민류, 유기산류, 아미노산류, 각종 스테롤, 알칼로이드 등이 있어 자양 강장 효과와 만성기관지염, 결핵, 위의 허한증 치료 효능 등의 약리 효과가 있다.
- 대추는 마음을 안정시키고 불면증에 효과가 있다.
- 대추고는 대추를 설탕에 조려 잼과 같이 만든 것으로 약밥에서 색과 맛을 낼 때 사용한다.
- 껍질이 깨끗하고 알이 굵고 윤기가 나며 속살이 연한 황갈색인 것이 좋다.
⑤ 호박고지: 미지근한 물에 담그거나 살짝 묻혀 한 시간 정도 불린 후 설탕으로 버무려 단맛을 더해 사용한다.

⑥ 무: 소화효소인 디아스타아제가 풍부하다.

⑦ 쑥: 무기질, 비타민 A, C가 풍부하다.

4. 고물용 부재료

잣	• 지방(약 64%), 단백질(약 18%)을 함유하고 있으며, 비타민 B₁과 철분이 풍부하다. • 올레산, 리놀레산, 리놀렌산 등 불포화지방산이 많아 콜레스테롤을 감소시키고 혈압을 내려 준다. • 지방이 많아 믹서에 갈거나 빻으면 덩어리가 지므로 고깔을 떼어 내고 마른 행주로 닦은 후 종이 위에 올려 칼날로 다져 사용한다. • 가격이 비싸다.
호두	• 끓는 물에 2번 정도 데쳐 떫은맛을 제거하고 사용한다. • 마른 팬에 볶아 사용하면 잡내를 제거할 수 있고 고소한 맛을 더 좋게 한다.
땅콩	• 생땅콩은 끓는 물에 10분 정도 삶아 비린내를 제거하고 사용한다. • 고물로 사용할 때에는 속껍질을 벗긴 후 빻아 사용한다. • 아라키돈산 등 필수지방산이 많다.
녹두	• 탄수화물(약 60%), 단백질(약 25%)을 함유하고 있으며, 엽산과 칼륨, 마그네슘이 풍부하다. • 용도에 따라 껍질을 안 벗긴 녹두와 껍질을 벗긴 거피 녹두를 사용한다. • 두류 중 전분의 함량이 53%로 가장 높고, 점성이 많은 전분으로는 당면이나 청포묵을 만든다. • 인절미, 경단 등의 겉고물, 찹쌀떡, 개피떡 등의 속고물로 사용한다. • 찬 성질이 있어 해독, 해열 작용을 하며, 종기 등 피부 치료에 쓰인다.
깨	• 볶은 후 빻아 종이로 기름을 빼서 사용한다. • 떡의 고물로 많이 사용한다.

> **합격보장 꿀팁** 앙금의 종류
>
> • 팥앙금: 팥을 통째로 무르게 삶아 만든 앙금이다.
> • 흰강낭콩앙금: 흰색의 질감이 부드럽고 담백한 앙금으로, 설탕 사용량을 줄이고 저감미 당류(말티톨시럽)를 사용하기 때문에 단맛은 적지만 고소한 맛으로 풍미가 높다.
> • 완두앙금: 완두콩을 거피한 후 조려 완두의 색상과 풍미를 살린 앙금이다.
> • 호박앙금: 호박을 넣어 만든 것으로 밤 호박 페이스트를 이용하여 풍미가 좋고 색상이 진하다.

5. 고명용 부재료

대추채	• 크기가 굵고 통통한 것을 사용한다. • 깨끗이 씻어 돌려깎아 씨를 뺀 후 밀대로 얇게 밀어 곱게 채 썰어 사용한다. • 얇게 민 대추를 돌돌 말아 단면을 썰어 꽃 모양을 만들기도 한다.
밤채	• 겉껍질과 속껍질을 깨끗이 벗긴 후 곱게 채 썰어 사용한다. • 수분이 너무 많으면 부서진다.
석이채	• 미지근한 물에 담갔다가 속의 막을 깨끗이 벗겨 씻긴 후 배꼽과 물기를 제거하고 곱게 채 썰어 사용한다. • 각색편, 단자 고명 등에 사용한다.

> **합격보장 꿀팁** 재료에 따른 떡의 이름
>
> • 상자병(도토리떡, 상실병): 상수리나 도토리가루에 멥쌀가루를 조금 섞어 꿀물에 반죽하여 시루에 찐 떡이다.
> • 서여향병: 마를 통째로 쪄낸 후 썰어 꿀에 재어 두었다가 찹쌀가루를 묻혀서 지져낸 다음 잣가루를 입힌 떡이다.
> • 나복병(무시루떡): 멥쌀가루에 굵게 채 썬 무와 팥고물을 켜켜이 놓아가며 안쳐 찐 떡이다.
> • 계강과: 계피와 생강을 넣었다고 해서 붙여진 이름으로, 찹쌀가루와 메밀가루를 반죽하여 생강 모양으로 빚어 찐 다음 기름에 지져 잣가루를 묻힌 떡이다.

03 감미료와 발색제

1. 감미료

설탕	• 가장 많이 사용하는 감미료이다. • 사탕수수나 사탕무를 원료로 사용한다. • 설탕의 감미도는 100으로 당의 감미도를 측정하는 표준 물질(감미도의 기준)이다. • 설탕을 사용할 경우 전분의 노화가 지연되는 효과가 있다. • 대표적인 비환원당이다.
황설탕과 흑설탕	• 약식이나 수정과 등에 사용한다. • 흑설탕은 당밀을 분리하지 않고 함께 굳힌 함밀당에 속한다.
꿀	• 벌집에서 저장한 당액이다. • 과당(40%), 포도당(35%)이 함유되어 있다. • 설탕보다 과당 함량이 높아 결정이 생기지 않는 액상 형태이다. • 과당은 설탕이나 꿀의 성분으로 당도가 포도당의 2.3배이다. • 설탕보다 향미가 강하고 수분 함량이 높아 제빵용으로 사용할 경우 액체 사용량을 줄이고 낮은 온도에서 구워야 한다.
물엿	• 옥수수 전분에 묽은 산이나 효소를 가하여 가수분해한 것이다. • 덱스트린, 맥아당, 포도당의 혼합물이다.
조청	• 여러 가지 곡류의 전분을 맥아로 당화시킨 다음 오랫동안 가열하여 농축한 것이다. • 조청은 주로 찹쌀, 멥쌀, 수수, 조, 고구마 등을 사용하여 만든다.
올리고당	• 3~10개의 오탄당이나 육탄당의 단당류가 결합한 당류이다. • 프락토올리고당, 갈락토올리고당, 이소말토올리고당, 대두올리고당 등 기능성 올리고당은 저칼로리 감미료로 이용하며, 대장에서 유해 세균의 증식을 억제한다. • 감미도는 설탕의 30% 정도이다.
소금	• 화학명은 염화나트륨($NaCl$)이다. • 떡 제조 시 일반적으로 쌀 무게의 1.2~1.3%를 사용하며, 사용량을 여름철에는 약간 늘리고, 겨울철에는 약간 줄여서 사용한다.

> **합격보장 꿀팁** 단맛의 강도
>
> 과당 > 전화당 > 자당(설탕) > 포도당 > 맥아당 > 갈락토오스 > 유당

2. 발색제

① 활용
  • 떡에 색을 내는 재료로, 보통 쌀 무게의 2% 정도를 사용한다.
  • 떡의 기호성 증진, 색소 성분에 따라 다양한 기능 증진의 효과가 있다.

② 발색제로 사용하는 재료의 처리 방법

쑥	쑥잎만 떼어서 말린 후, 가루를 만들거나 끓는 물에 삶은 후 물기를 제거하여 냉동 보관하였다가 필요할 때 해동하여 사용한다.
녹차가루	잎을 깨끗이 씻은 후 바짝 말려 분쇄기에 넣고 가루를 내어 사용한다.
치자	반을 가른 후 따뜻한 물에 담가 노란색의 물을 우려 내 사용한다. 진한 색을 낼 때에는 물을 조금만 넣는다.
단호박가루	껍질을 벗기고 얇게 썰어 말린 후, 가루로 만들거나 찜통에 넣어 무르게 쪄낸 후 으깨어 냉동 보관하였다가 필요할 때 해동하여 사용한다.
오미자	찬물에 담가 우린 다음 면보자기로 걸러 사용한다.

③ 종류
- 천연 발색제

색깔	성분	종류
분홍색	안토시아닌(anthocyanin)	딸기 분말(냉동 딸기), 복분자 분말, 적파프리카, 비트, 오미자, 지초, 백년초 등
보라색		자색 고구마, 흑미, 포도, 복분자 등
초록색	클로로필(chlorophyll)	쑥, 시금치, 모시잎, 쑥 분말, 녹차 분말, 모시잎 분말, 승검초 분말, 뽕잎, 클로렐라 분말, 새싹보리 등
노란색	카로티노이드(carotenoid), 플라보노이드(flavonoid)	치자, 단호박, 송화, 샤프란, 울금, 황매화 등
갈색	탄닌(tannin)	계핏가루, 코코아가루, 커피, 대추고, 송진, 캐러멜소스, 송기, 도토리가루 등
검은색	–	흑미, 흑임자, 석이버섯 등

④ 발색제 사용 방법 및 주의사항
- 발색제 첨가 시 손으로 잘 비벼 주면서 쌀가루와 발색제가 균일하게 섞이도록 한다.
- 발색제 중 분말류는 물의 양을 늘리고, 생채소 또는 과일류는 물의 양을 줄여야 한다.
- 섬유질이 많은 분말은 1차 빻기 한 쌀가루에 넣어 혼합한 후 2차, 3차 빻기하여 사용한다.
- 밝은 색에서 짙은 색의 순서로 투입하여 빻는다(흰색 → 노란색 → 분홍색 → 보라색 → 갈색).
- 치자는 가볍게 씻은 후 2등분 하여 그릇에 담아 끓는 물을 부어 색이 나오면 체에 밭쳐 사용한다.

합격보장 꿀팁 식용 색소의 구비 조건

- 인체에 무해할 것
- 체내에 쌓이지 않을 것
- 미량으로 착색 효과가 클 것

04 떡류 재료의 영양학적 특성

1. 영양소
① 칼로리(열량) 계산

탄수화물	단백질	지질	알코올
4kcal/g	4kcal/g	9kcal/g	7kcal/g

② 영양소의 기능
- 체조직의 구성 성분: 무기질, 단백질
- 생리 작용 조절: 비타민, 무기질
- 열량 영양소: 탄수화물, 단백질, 지질

③ 5가지 기초 식품군

열량소	식품류	식품 예
단백질	육류, 알류, 두류, 생선류 등	• 육류: 소고기, 돼지고기, 닭고기 • 알류: 달걀 • 두류: 콩, 된장
칼슘	뼈째 먹는 생선, 우유, 유제품	• 뼈째 먹는 생선: 멸치, 뱅어포 • 우유 • 유제품: 치즈

무기질 및 비타민	채소류, 과일류, 해조류	• 채소류: 당근, 배추, 토마토, 쑥, 수리취 • 과일류: 사과, 감 • 해조류: 다시마, 파래, 김
탄수화물	곡류, 서류	• 곡류: 쌀, 보리, 조, 수수 • 서류: 토란, 감자, 고구마
지질	식물성 기름, 동물성 지방, 가공유지	• 식물성 기름: 콩기름, 참기름, 깨 • 동물성 지방: 버터 • 가공유지: 마가린

2. 단백질

① 구성: 탄소(C), 수소(H), 산소(O), 질소(N)

② 기능 및 특성

- 체조직의 구성 성분이다.
- 효소, 호르몬 성분으로 성장을 촉진시킨다.
- 체액과 혈액의 중성을 유지시킨다.
- 조직의 삼투압을 조절한다.
- 체온을 유지시킨다.

3. 무기질의 종류

종류	기능	함유 식품	과다/과소증
칼슘(Ca)	• 뼈, 치아 구성 • 근육의 수축, 이완 작용	멸치, 뱅어포, 우유, 치즈	골다공증, 구루병
인(P)	• 뼈, 치아 구성 • 삼투압 조절	육류, 난황, 유제품, 채소류	골연화증
나트륨(Na)	• 삼투압 조절 • 산/알칼리 평형을 유지함 • 수분 균형 유지에 관여함	소금	고혈압, 부종, 동맥경화
염소(Cl)	위액의 산도를 유지함	소금	식욕 부진
칼륨(K)	삼투압, pH 조절	곡류, 채소류	근육 이완
마그네슘(Mg)	• 뼈, 치아 구성 • 신경 흥분 억제	견과류, 채소류, 두류	신경장애, 근육 경련
철분(Fe)	• 헤모글로빈의 구성 성분 • 효소 활성화	간, 난황, 곡류의 씨눈	빈혈
구리(Cu)	철분 흡수, 운반에 관여함	간, 견과류	빈혈
요오드(I)	갑상샘호르몬의 구성 성분	해조류	갑상샘 질환
아연(Zn)	인슐린, 적혈구의 구성 성분	육류, 굴, 견과류	발육 장애
불소(F)	• 충치 예방 • 골격, 치아 강화	해조류, 어류	충치, 우치, 반상치
코발트(Co)	조혈 작용에 관여함	채소류, 간, 어류	악성 빈혈

4. 비타민의 종류

① 지용성 비타민

종류	기능	함유 식품	결핍증
비타민 A (레티놀)	• 피부 점막을 보호함 • 어두운 곳에서 시력을 조절함	녹황색 채소, 간, 우유, 과일류	야맹증, 안구건조증
비타민 D (칼시페롤)	칼슘과 인의 흡수 촉진	간, 난황, 효모, 버섯	구루병, 골연화증
비타민 E (토코페롤)	• 천연 항산화 작용 • 노화 방지	식물성 기름, 두류, 견과류	불임증
비타민 K (필로퀴논)	• 혈액의 응고에 관여함 • 장내 세균 합성	녹황색 채소, 달걀	출혈
비타민 F	• 피부 보호 • 혈압 강화 • 필수지방산(올레산, 리놀레산, 리놀렌산)	식물성 기름	피부염

② 수용성 비타민

종류	기능	함유 식품	결핍증
비타민 B_1 (티아민)	• 탄수화물의 대사에 관여함 • 마늘(알리신)과 섭취 시 흡수 촉진	곡류, 돼지고기	각기병, 식욕 부진
비타민 B_2 (리보플라빈)	피부 보호, 성장 촉진	효모, 달걀, 우유, 녹색 채소	구각염, 설염
비타민 B_3 (나이아신)	인체의 산화, 환원 반응에 관여함	유제품, 효모	펠라그라
비타민 B_6 (피리독신)	아미노산 합성에 관여함	간, 효모	피부염
비타민 B_{12} (코발라민)	• 적혈구 합성에 관여함 • 코발트 함유	어류, 간, 달걀	악성 빈혈
비타민 C (아스코르브산)	면역력 강화, 피로 회복	과채류	괴혈병
비타민 P	모세혈관 강화	메밀	피부반점

5. 탄수화물

① 구성: 탄소(C), 수소(H), 산소(O)

② 기능 및 특성
   • 지방의 완전 연소를 위해 필요하다.
   • 과다 섭취 시 글리코겐으로 전환되어 간에 저장된다.

③ 종류

단당류	포도당	• 설탕, 맥아당, 전분의 구성 성분이다. • 혈액에 존재(혈당 0.1%)한다.
	과당	• 감미도가 가장 크다. • 꿀, 과일 등에 존재한다.
	갈락토오스	유당의 구성 성분이다.

이당류	**자당(설탕)**	포도당+과당, 비환원당
	유당	포도당+갈락토오스
	맥아당	포도당+포도당
다당류	**섬유소**	소화 운동을 촉진한다. • 불용성 섬유소: 셀룰로스(통곡류, 해조류, 팥, 호밀 등에 함유), 헤미셀룰로스 등 • 수용성 섬유소: 펙틴(과일, 해조류 등에 함유), 한천(우뭇가사리를 동결건조한 식품), 검, 알긴산 등
	글리코젠	동물의 간, 근육에 존재한다.

 합격보장 꿀팁 당 용액으로 만드는 식품(캔디)

- 결정형: 퐁당
- 비결정형: 마시멜로, 캐러멜, 젤리, 누가

6. 지질

① 구성: 탄소(C), 수소(H), 산소(O)

② 기능 및 특성

- 중성지방은 지방산 3분자와 글리세롤의 에스테르 결합으로 이루어진다.
- 물에 녹지 않고, 유기 용매에 녹는다.
- 필수지방산, 지용성 비타민을 체내에 운반 및 흡수시킨다.
- 장기를 보호하고 체온을 조절한다.

 합격보장 꿀팁 트랜스지방

액체 상태의 불포화지방산에 수소를 첨가하여 고체 상태로 가공한 지방에서 일부 생산되는 지방(마가린, 쇼트닝)이다.

02 떡의 분류 및 제조도구

01 떡의 종류

1. 찌는 떡(증병)

 **합격보장 꿀팁**   증병과 송피병

- 증병: 찌는 떡의 원리는 수증기를 이용하여 전분을 호화시키는 것이다.
- 송피병: 시루에 찐 떡에 소나무 껍질과 꿀을 섞은 후 안반에 쳐서 절편을 만든다.

① 설기떡(무리떡, 무리병)
- 정의: 멥쌀가루에 물을 내려 쪄낸 떡으로, 가장 기본이 되는 떡이다.
- 종류

떡 색깔에 따른 분류	백설기, 무지개떡
부재료에 따른 분류	콩설기, 팥설기, 모듬설기, 호박설기, 쑥설기, 잡과병, 석이병 등

② 켜떡
- 정의: 멥쌀가루, 찹쌀가루에 팥, 콩, 녹두 등의 기타 작물을 가공하여 만든 고물 등을 켜켜이 얹어 쪄낸 떡이다.
- 종류

원재료에 따른 분류	메시루떡(멥쌀 100%), 반찰시루떡(찹쌀 50%, 멥쌀 50%), 찰시루떡(찹쌀 100%)
고물에 따른 분류	팥시루떡, 녹두시루떡, 거피팥시루떡, 동부시루떡, 콩시루떡 등
부재료에 따른 분류	• 채소: 쑥편, 느티떡, 무시루떡, 물호박떡 등 • 과일즙: 도행병(복숭아와 살구즙) • 과일: 잡과병, 신과병 등 • 깨: 깨찰떡

③ 찐찰떡류
- 정의: 찹쌀가루에 부재료를 첨가하여 한 덩어리로 쪄 성형하거나 떡을 찐 후 펀칭(치댐), 성형하여 만든 떡이다.
- 종류

찹쌀가루와 부재료만 쪄내어 성형하는 방법	쇠머리떡(모듬백이떡)
고물 없이 쪄내어 고물을 묻혀 성형하는 방법	구름떡
찹쌀가루를 쪄내어 펀칭한 후 성형하는 방법	인절미

 **합격보장 꿀팁**   쇠머리떡(모듬백이떡)

썰어 놓은 모양이 소고기 편육처럼 생겨 쇠머리떡이라고 부르며 모듬백이떡이라고도 한다.

④ 약밥(약식): 찹쌀을 찐 후 대추, 밤, 잣 등에 간장, 참기름, 꿀을 섞어 버무려 다시 찐 떡이다.

합격보장 꿀팁   약(藥)

약(藥)은 약과 같은 몸에 이로운 음식이라는 뜻으로, 꿀이 들어간 음식인 약밥, 약과 등에 '약(藥)'자를 사용한다.

⑤ 빚는 떡

- 정의: 쌀가루로 익반죽, 빚기, 찌기의 과정을 거쳐 마무리한 떡이다.
- 종류: 송편, 모시잎송편, 쑥송편, 쑥개떡, 꿀떡 등

⑥ 두텁떡(혼돈병, 후병, 합병, 봉우리떡): 시루떡 중의 하나로, 찹쌀가루를 꿀이나 설탕과 반죽한 후에 귤병과 대추로 소를 박고 꿀팥을 두둑하게 뿌려 가며 켜켜이 안쳐서 찐 떡이다(간장은 찹쌀가루와 고물에 소량 들어감).

⑦ 상화(상화떡): 밀가루를 누룩이나 막걸리 따위로 반죽하여 부풀린 후 꿀팥으로 만든 소를 넣고 빚어 시루에 찐 떡이다.

⑧ 구선왕도고: 멥쌀가루에 9가지 약재가루를 한데 섞고 꿀(설탕물)을 넣어 찐 떡으로, 조선시대부터 궁중의 보양식 역할을 해 온 떡이다.

⑨ 서속떡: 서속(기장과 조)가루에 밤, 대추를 버무려 찐 떡이다.

⑩ 증편: 막걸리를 조금 탄 뜨거운 물로 멥쌀가루를 묽게 반죽하여 더운 방에서 부풀린 후 밤, 대추, 잣 따위의 고명을 얹고 틀에 넣어 찐 떡이다.

2. 치는 떡(도병)

① 가래떡

- 정의: 멥쌀가루를 쪄서 찰기가 나게 친 후 압출식 성형기로 뽑아낸 떡이다.
- 성형 방법이나 부가하는 특성에 따라 다른 이름으로 부른다.
- 종류

가래떡	압출식 성형기에 막대기 모양으로 성형하여 적당한 길이로 절단한 떡
떡국떡	가래떡을 식혀 얇은 두께로 경사지게 절단한 떡
절편	압출식 성형기에 직사각형의 노즐을 부착하여 판형으로 길게 뽑은 떡
조랭이떡	성형기 말단에 땅콩 모양의 틀을 넣고 뽑은 떡

② 인절미

- 정의: 찹쌀가루를 쪄서 찰기가 나게 친 후 썰어 고물을 묻힌 떡이다.
- 재료

주재료	찹쌀, 차조 등
부재료	쑥, 수리취 등
겉고물	콩가루, 깻가루, 팥고물(녹두, 거피팥, 붉은팥, 동부), 카스텔라 등
속고물	오메기떡, 오쟁이떡, 찹쌀떡 등

③ 단자

- 정의: 찹쌀가루를 되게 반죽하여 끓는 물에 삶아 내어 방망이로 꽈리가 일도록 친 후 소를 넣고 둥글게 빚어 꿀이나 고물을 묻힌 떡이다. 반죽을 삶은 후 방망이로 치기 때문에 삶는 떡으로 분류되기도 한다.
- 종류

은행단자	찹쌀가루와 은행가루를 섞어 찐 후 쳐서 인절미처럼 잘라 잣가루를 뿌린 떡
밤단자	찐 찹쌀가루를 찰기가 나도록 친 후 소를 넣고 빚어 꿀을 발라 밤고물 등을 묻힌 떡
쑥구리단자	찐 반죽을 동그랗게 새알처럼 빚고, 견과류, 유자청 등에 꿀을 섞어 만든 소를 넣은 후 팥고물을 묻힌 떡
석이단자	인절미와 형태가 비슷하지만 크기가 작고, 각색편의 웃기로 올리는 떡
대추단자	대추 다진 것을 찹쌀가루에 섞어서 쪄낸 뒤, 치대어 모양을 만들고 대추채와 밤채를 고물로 묻힌 떡

웃기떡과 받침떡

- 웃기떡: 주악, 부꾸미, 단자, 화전 등을 이용해 장식하는 떡으로, 잔편(경상북도 지역 방언)이라고도 한다.
- 받침떡(빙자떡): 음식을 높이 올려 괼 때 밑받침용으로 사용하는 떡이다.

④ 좁쌀인절미: 차조로 떡을 만들어 콩가루나 거피팥가루에 묻혀 먹는 인절미를 말한다.
⑤ 고치떡
- 멥쌀가루를 쳐서 누에고치 모양으로 만든 떡이다.
- 전라도 지방에서 누에가 고치 짓기를 기다리면서 만들어 먹던 떡으로, 쳐서 빚기 때문에 빚는 떡으로 분류하기도 한다.
⑥ 개피떡: 흰떡, 쑥떡, 송기떡을 얇게 밀어 콩가루나 팥으로 소를 넣고 오목한 그릇 같은 것으로 반달 모양으로 찍어 만든 떡으로, 바람떡이라고도 부른다.
⑦ 골무떡: 멥쌀가루를 쳐서 가래떡처럼 가늘게 빚은 후 손을 세워 한입 크기로 끊어 만든 떡이다.
⑧ 산병: 멥쌀가루를 쪄서 안반이나 절구에 넣고 쳐서 얇게 밀어 소를 넣고 종지로 조금씩 떠내어 손으로 오그려 2~5개씩 붙인 떡이다.

3. 지지는 떡(유전병)

화전	찹쌀가루를 익반죽하여 동글납작하게 빚은 후 진달래, 국화 등의 꽃잎을 고명(계절에 따라 다양한 고명을 올리며, 대추나 쑥갓 잎을 얹기도 함)으로 얹어 기름에 지져낸 떡
주악	찹쌀가루를 익반죽하여 대추, 밤, 팥소 등을 넣고 송편처럼 빚어 기름에 지져낸 떡
부꾸미	찹쌀가루나 찰수수가루를 익반죽하여 동글납작하게 빚어 소를 넣은 후 반달 모양으로 접어 지져낸 떡
산승	찹쌀가루 등을 익반죽하여 꿀을 넣어 동글납작하게 지져낸 떡
개성주악	개성 지방의 향토떡으로, 찹쌀가루, 막걸리 등으로 반죽해 동그랗게 빚어 기름에 지져낸 떡
웃지지	찹쌀가루를 익반죽하여 소를 넣고 고명을 얹어 기름에 지져낸 떡
빈대떡(빈자떡)	• 녹두를 물에 불려 껍질을 벗긴 후 맷돌에 갈아 나물, 소고기나 돼지고기 따위를 넣고 번철(프라이팬)에 부쳐 만든 떡 • 녹두부침개, 녹두전, 녹두전병, 녹두지짐이 있음
메밀전병(메밀총떡)	메밀가루를 묽게 반죽해 얇게 지진 후 소를 넣고 말아 익힌 것
빙떡	메밀가루를 묽게 반죽한 후 기름을 두른 팬에 얇게 펴고 무를 넣어 말아서 지진 떡
곤떡	찹쌀가루를 반죽해 둥글게 빚어 지초에서 추출해 낸 붉은 기름으로 지져낸 충청도의 향토떡
백자병	찹쌀가루를 익반죽한 후 잣가루와 꿀로 만든 소를 넣어 기름에 지진 떡

지지는 떡에 사용하는 기름

- 식물성 기름으로 융점이 낮고, 발연점이 높은 것이 좋다.
- 유리지방산 함량이 높은 기름은 자주 사용하여 이물질이 섞여 있거나 오래된 기름이다.

4. 삶는 떡(단자병)-경단

① 정의: 찹쌀가루 등을 익반죽하여 둥글게 빚어 삶아 고물을 묻힌 떡이다.
② 경단을 익힌 후 찬물에 잠깐 담갔다가 건지면 모양이 잘 잡힌다.
③ 종류: 수수경단, 각색경단, 오색경단, 오메기떡, 두텁경단, 잣구리 등

02 떡의 제조 원리

1. 세척 및 수침

① 멥쌀이나 찹쌀을 깨끗이 씻어 물에 불리는데, 여름에는 수침 시간을 짧게(4~5시간) 하고, 겨울에는 수침 시간을 길게(6~9시간) 한다.

② 멥쌀이나 찹쌀을 4시간 이상 불리면 수분 함유율은 30~45%이다.

③ 물에 불린 후 중량(쌀 1kg 기준)이 멥쌀은 1.2~1.25kg, 찹쌀은 1.35~1.4kg 정도로 증가한다.

④ 불린 쌀은 체에 건져 30분 이상 물기를 뺀다.

 합격보장 꿀팁 수침에 영향을 주는 요인

- 쌀의 품종
- 쌀의 저장 기간
- 수침 시 물의 온도

2. 1차 빻기

① 불린 쌀 1kg을 기준으로 소금 10~15g, 물 150~200g 정도를 넣고 가루로 빻는다(멥쌀로 조금 차진 떡을 할 경우 20~40g을 더 넣음).

② 손으로 쥐어 뭉쳐지는 정도가 적당하다.

③ 찹쌀가루를 만들 때에는 멥쌀보다 물을 더 적게 주고, 롤밀(roll mill)로 2차 빻기를 해야 물이 골고루 흡수된다.

④ 멥쌀은 곱게 빻고 찹쌀은 거칠게 빻는다.

⑤ 곡류 빻기 방법의 분류

습식 제분	• 수침한 쌀의 물기를 뺀 다음 롤밀을 사용하여 빻는 방법이다. • 롤밀을 이용한 빻기는 롤밀 간격을 조절하여 입자 크기를 변화시킬 수 있고 구조상 수분 함량이 높은 곡류도 제분이 가능하다. • 롤밀 간격을 너무 좁게 하여 장시간 가동하면 롤의 마찰력이 발생하여 빻기 중 호화를 일으켜 떡의 품질에도 영향을 준다. 따라서 쌀가루를 빻을 때 빻는 횟수, 떡의 종류에 따라 레버를 조절하여 사용해야 한다.
건식 제분	• 공정이 간단하여 시간이 절약된다. • 전분의 손상이 증대하고 많은 열이 발생하여 쌀 가공품에 바람직하지 못한 영향을 준다. • 건조 제분한 쌀가루(수분 함량이 일정하고 입자가 균일하며 표준화가 가능함)가 전문적으로 생산되며, 떡 제조가 가능하다.

⑥ 건식 쌀가루

필요성	• 쌀가루는 습식 상태로 많이 사용하지만, 유통이 편리하고 제품 제조의 표준화가 가능하여 쌀 가공 제품용 원료로 사용하기 위해 건조된 형태로 공급된다. • 알레르기 유발 물질인 글루텐이 없고 아미노산 생성에 필요한 라이신 함량을 높인 특수 쌀가루를 사용한 제품(빵, 면, 과자, 소스 등)이 증가하고 있다. • 건식 쌀가루를 이용하면 떡의 표준화가 가능하며 빻기 과정을 생략할 수 있으므로 편의성, 인건비, 시간적 절약 효과, 작업 환경의 효율성 등을 높일 수 있다.
품질	• 건식 쌀가루의 품질은 제분 조건, 쌀가루 크기와 분포, 손상 전분 함량, 호화 특성 등에 의해 결정된다. • 수분 함량은 유통이나 저장성을 고려하여 12~14%가 적당하다. • 제분된 쌀가루는 전분의 호화나 노화, 그 밖에 함유되어 있는 단백질과 지방 등이 찌기 등과 같은 열처리 과정 중 전분 및 제품에 어떤 변화를 주는지의 여부가 가장 중요하다.

3. 물 주기
① 찌는 떡보다 치는 떡의 경우 물이 더 많이 필요하다.
② 찹쌀가루는 아밀로펙틴의 함량이 높아 멥쌀가루보다 수분 흡수율이 10% 정도 높으므로 물을 적게 주거나 주지 않고 그냥 찐다.

4. 2차 빻기
① 물을 준 쌀가루는 수분이 골고루 잘 흡수되도록 다시 분쇄기에 넣고 빻기를 한다.
② 2차 빻기가 어려울 경우 체에 걸러 쌀가루 입자를 일정한 크기로 걸러 주어야 쌀가루 사이로 수증기가 잘 통과 되어 떡이 잘 쪄진다.

> **합격보장 꿀팁** 쌀가루를 체에 치는 이유
> - 혼합된 물질의 균일한 색상과 맛을 낸다.
> - 떡의 촉감을 부드럽게 한다.
> - 빻아지지 않은 큰 입자의 쌀가루를 선별할 수 있다.
> - 떡을 찔 때 시루 내부의 쌀가루 사이에 증기가 잘 통과되어 떡이 잘 익는다.

5. 반죽하기
① 찌거나 삶는 떡, 지지는 떡은 반죽 과정이 필요하다.
② 떡 반죽은 오래 치댈수록 떡이 완성되었을 때 부드럽고 식감이 좋다(치는 횟수가 많아지면 반죽에 기포가 많이 함유되어 균일한 망상 구조가 되기 때문에 떡 보존 기간이 늘어남).
③ 쌀가루를 반죽할 때에는 찬물보다 뜨거운 물로 익반죽을 해야 한다(익반죽을 하면 쌀가루의 일부가 호화되어 끈기를 주고 성형이 용이함).
④ 떡의 종류에 따라 찬물로 하는 날반죽도 가능하다(단, 물의 온도가 너무 낮으면 성형이 어려움).
⑤ 반죽의 방법

익반죽	· 끓는 물을 넣어 반죽하는 방법이다. · 전분을 순간적으로 호화시켜 점성을 좋게 한다.
날반죽	· 찬물을 넣어 반죽하는 방법이다. · 익반죽에 비해 반죽이 뭉치지 않아 반죽 시 많이 치대기 때문에 식감이 더 쫄깃하다.

6. 부재료 첨가하기
① 쌀에 부족한 영양소를 보충해 주고 특별한 맛을 내기 위해 콩, 팥, 깨, 대추, 잣, 녹두 등의 재료로 고물을 만들어 겉고물이나 소를 만들어 사용한다.
② 부재료 첨가하기 공정은 가루 내기나 반죽하기, 안치기, 치기, 마무리 등의 여러 공정 중에 할 수 있다.
③ 쑥이나 수리취 등 섬유소가 많은 재료를 섞어 떡을 만들 때에는 그 함량이 많을수록 수분 함량도 많아 떡의 노화 속도가 느려진다.

7. 찌기
① 쌀가루 사이로 증기가 일정하게 올라온 상태에서 시루를 보자기로 덮어야 떡이 잘 익는다.
② 켜떡은 켜의 두께가 고르도록 쌀가루의 분량을 잘 분배하여 편평하게 펴서 켜켜이 안쳐야 한다.
③ 증기가 골고루 올라가려면 압력이 일정해야 하므로 덮는 보자기로 시루를 덮어 떡을 쪄야 한다.
④ 증기의 압력이 강하면 멥쌀가루에 금이 갈 수 있고 찹쌀가루가 익지 않을 수 있으므로 주의한다.
⑤ 멥쌀떡은 여러 켜를 안쳐서 쪄도 잘 익지만, 찰떡은 증기가 쌀가루 사이로 잘 오르지 못해 익지 않을 수 있으므로 시루에 쌀가루를 얇게 찌거나 한 켜씩 번갈아 안쳐서 쪄야 한다.
⑥ 찹쌀떡은 멥쌀떡보다 찌는 시간이 오래 걸린다.

8. 치기

① 인절미와 절편같이 치는 떡의 경우 전분의 완전 호화를 위한 과정으로 노화가 느리고 점성이 강한 떡을 만들 수 있다.

② 치기를 진행하는 동안 공기의 혼입으로 인해 떡 색의 명도가 높아져 뽀얀 색으로 변한다.

9. 냉각과 포장

① 떡을 찐 후 뜸들이기를 통해 미처 호화되지 않고 남은 전분 입자들을 호화시킬 수 있다.

② 떡의 뜨거운 김이 빠져 적당히 식으면 칼로 썰거나 모양을 내고 이를 적당한 크기와 용량으로 포장한다.

③ 가래떡의 경우 떡을 뽑은 후 바로 찬물에 넣어 식혀야 쫄깃한 식감을 낼 수 있다.

④ 떡을 포장할 때는 위생과 환경 및 유통에 적합하고 안전한 포장지나 용기를 사용한다.

03 도구·장비의 종류 및 용도

1. 전통적 도구

① 도정 및 분쇄 도구

방아	• 곡물을 절구에 넣고 찧거나 빻는 기구이다. • 디딜방아, 물레방아, 연자방아 등이 있다.
절구와 절굿공이	• 떡가루를 만들거나 떡을 칠 때 쓰는 도구이다. • 절구는 통나무나 돌을 우묵하게 파서 만든다. • 절굿공이는 긴 원통형의 나무 가운데 손잡이 부분을 가늘게 깎은 모양이다. • 돌절구에는 돌이나 쇠로 만든 절굿공이가 쓰인다.
키	• 곡물이나 찧어 낸 곡물을 까불러 겨, 티끌 등의 불순물을 걸러내는 도구이다. • 주로 고리버들이나 대나무로 만든다. • 앞은 넓고 평평하며 뒤쪽은 좁고 오목하여 곡물을 까부르면 가벼운 티끌은 앞쪽에, 곡물은 뒤쪽에 모인다.
조리	곡류를 일어 돌 등의 불순물을 골라내는 도구이다.
돌확	• 돌로 만든 조그만 절구이다. • 석기 시대부터 사용되던 도구로, 곡물이나 양념 등을 찧거나 가는 데 사용한다.
맷돌	• 콩, 팥, 녹두 등을 넣어 쪼개서 껍질을 벗기거나 가루로 만들 때, 물에 불린 곡류 등을 갈 때 사용한다. • 둥글넓적한 돌 두 개를 포개어 놓은 모양이다. • 중앙에 곡식을 넣는 구멍이 있고, 손으로 잡고 돌리는 어처구니(맷손)가 있다. • 맷지게는 맷돌을 돌릴 때 맷손을 긴 막대기에 걸어서 돌리게 만든 장치이다. • 맷방석(매판)은 흘러내린 곡물가루를 받아 내는 방석이다.

② 익히는 도구

시루	• 바닥에 여러 개의 구멍이 뚫려 있어 쌀이나 떡을 찔 때 사용하는 도구로 질그릇시루, 옹기시루(옹시루) 등이 있다. • 옹기시루(옹시루)는 떡이나 쌀 따위를 찌는 데 쓰는 작고 오목한 질그릇이다. • 시룻밑은 시루 안의 것이 새지 않도록 시루 밑동에 까는 기구이다. • 시룻방석은 시루를 덮는 덮개로, 짚으로 두껍고 둥글게 틀어 방석처럼 만든 것이다. • 시룻번은 시루를 솥에 안칠 때 그 틈에서 김이 새지 않도록 바르는 반죽이다. • 겅그레는 시루가 물에 잠기지 않도록 걸쳐 놓는 나뭇가지이다.
번철	• 솥뚜껑을 뒤집어 놓은 듯한 모양이다. • 화전이나 주악 같은 지지는 떡을 만들 때 사용하는 철판이다.

③ 모양을 내는 도구

안반과 떡메	• 인절미 등을 칠 때 쓰는 도구이다. • 안반은 두껍고 넓은 통나무 판에 작은 다리가 붙어 있는 형태가 일반적이나, 지방에 따라서는 떡돌이라고 하여 돌판을 쓰기도 하고, 떡판이라고 하여 두껍고 넓은 나무판을 쓰기도 한다. • 안반 위의 떡을 내려치는 도구가 떡메인데, 지름의 20cm 정도 되는 통나무를 잘라 손잡이를 끼워 사용한다.
떡살	• 떡본 또는 떡손이라고도 하며, 떡에 문양을 찍는 도구이다. • 떡살의 크기는 일반적으로 길이 30~50cm로, 떡살 문양의 크기에 따라 알맞게 자르며, 동구리나 석작 등의 상자에 담기 좋은 크기이다. • 떡살의 문양은 동식물, 글자(길상) 등을 음양각으로 새겨 시각적으로 떡을 더 맛있어 보이게 한다.
밀방망이	• 밀방망이는 개피떡을 만들 때 떡 반죽을 일정한 두께로 밀어 펴는 도구이며, 떡을 올려놓는 판은 밀판이다. • 밀판은 대개 통나무 판으로 만들어 사용하는데, 떡을 밀거나 썰 때에는 눌어붙지 않도록 덧가루를 뿌린 후 사용한다.
편칼(시루칼)	• 일정한 크기 및 형태로 떡을 자를 때 사용한다. • 칼날이 무디고 편평하다.

④ 기타 도구

이남박	• 쌀 등을 씻을 때 사용하는 도구로 안지름이 넓은 바가지 모양이다. • 안쪽 면에 골이 파여 있어 쌀 등을 씻을 때나 이물질을 골라내는 데 편리하다.
체와 쳇다리	• 곡물가루를 내릴 때 사용하는 도구이다. • 얇은 송판을 휘어 몸통을 만들고 말총이나 명주실, 철사 등으로 그물 모양을 만들어 밑판(쳇불)을 끼워 사용한다. • 쳇불 구멍의 크기에 따라 어레미(지름 3mm), 중거리(지름 2mm), 가루체(지름 0.5~0.7mm), 고운체 등으로 구분한다. • 쳇다리는 으깬 곡물 등을 체에 내릴 때 올려 놓을 수 있는 사다리꼴 모양으로 만든 받침대이다. • 깁체는 깁(비단)으로 쳇불을 메운 체로, 고운 가루를 치는 데 쓴다. • 쳇불 구멍이 큰 어레미나 중거리는 떡가루나 메밀가루 등을 내릴 때 사용하고, 구멍이 미세한 가루체는 설기 떡가루나 송편가루 등을 내릴 때 사용한다.
채반	기름에 지진 화전이나 빈대떡을 식히고, 전류는 기름이 빠지게 늘어 놓을 때 사용한다.
동구리	버들가지를 엮어 만든 상자로, 음식을 담아 나를 때 쓰는 그릇이다.
석작	• 대나무를 얇고 길게 잘라 엮어 만든 상자로, 떡이나 한과를 담는 그릇이다. • 통풍이 잘되어 주로 떡이나 한과를 보관하거나 운반할 때 사용한다.

2. 현대적 도구

① 쌀가루 제조 및 재료 혼합 설비

세척기	• 전동 펌프가 돌아가는 힘으로 쌀을 깨끗이 세척하는 기계이다. • 통에 쌀을 넣으면 수압에 의해 쌀과 물이 회전하면서 씻기는 원리이다.
롤러 밀 (분쇄기)	• 불린 쌀을 롤러를 이용하여 가루로 분쇄하는 기계이다. • 롤러의 회전 속도, 길이, 지름에 따라 쌀가루의 고운 정도가 결정되므로 용도에 따라 조절하여 사용한다.
쌀가루 분리기 (설기체)	• 쌀 롤러에서 뭉쳐 나온 쌀가루를 풀어 주는 기계이다. • 일정한 크기의 쌀가루를 얻을 수 있으며, 주로 체가 회전하면서 가루가 걸러지는 회전형 분리기를 사용한다.

② 떡을 찌고 치는 설비

대나무 찜기	• 대나무로 만들어진 찜기이다. • 가볍고 크기가 다양하며 떡이 잘 설지 않는다.
스팀 받침대	• 시루를 받쳐 놓는 받침대로, 증기가 올라갈 수 있도록 제작된다. • 여러 개를 함께 올리고 찌는 것이 가능하다.

스팀 보일러	• 물을 데워 증기를 만드는 기계이다. • 단시간에 지속적으로 같은 온도의 증기를 만들 수 있어 떡을 찌는 데 효과적이다.
증편기	• 스팀 보일러와 연결하여 증편과 송편을 편리하게 찔 수 있다. • 시루 없이 증편 반죽과 송편을 기계에 넣고 증기를 이용하여 쪄낸다. • 대량 생산 시 사용한다.
스팀 펀칭기	• 인절미, 송편 반죽, 꿀떡, 바람떡 등을 반죽할 때 사용한다. • 쪄낸 떡이나 쌀가루를 반죽할 수 있으며, 반죽을 하는 중간에 물을 넣어 잘 섞일 수 있도록 해야 한다. • 속도가 일정하고, 빠른 시간 내에 많은 양을 반죽한다. • 대량 생산에 적합하다.

③ 떡을 성형하는 설비

제병기	• 제병기에 떡 반죽을 넣으면 성형 틀로 밀어내어 떡 모양을 잡을 수 있다. • 성형 틀의 모양에 따라 절편, 가래떡, 떡볶이 떡 등을 만들 수 있다.
바람떡 기계	• 떡 반죽과 소를 기계에 넣으면 바람떡이 완성된다. • 기계를 작동하면 떡 반죽이 밀리면서 소가 가운데 떨어지고 다물어지면서 바람떡 모양이 만들어진다.

꼭! 풀어볼 대표문제

01

떡의 제조 방법에 따른 설명으로 틀린 것은?

① 찌는 떡은 증병이라고 하며 설기떡, 켜떡 등이 있다.
② 치는 떡은 도병이라고 하며 가래떡, 인절미, 단자 등이 있다.
③ 지지는 떡은 유전병이라고 하며 화전, 주악, 부꾸미 등이 있다.
④ 삶는 떡은 단자병이라고 하며 증편, 약식 등이 있다.

02

좋은 대추가 아닌 것은?

① 껍질이 깨끗한 것 ② 윤기가 나는 것
③ 알이 굵은 것 ④ 속살이 검붉은 것

03

단백질보다 탄수화물이 더 많은 두류는?

① 쥐눈이콩 ② 완두콩
③ 서리태 ④ 흑태

04

노화를 지연시키는 방법으로 틀린 것은?

① 수분 함량을 60% 이상으로 높인다.
② 당 농도를 높인다.
③ 냉동 보관한다.
④ 냉장고에 보관한다.

05

멥쌀로 만든 떡이 아닌 것은?

① 구름떡 ② 절편
③ 무지개떡 ④ 송편

✓ 빠른 정답 체크

01 ★★
삶는 떡에는 경단, 오메기떡, 잣구리 등이 있으며 증편, 약식은 찌는 떡에 해당한다.
| 정답 ④

02 ★
대추는 속살이 연한 황갈색인 것이 좋다.
| 정답 ④

03 ★
완두콩은 100g당 탄수화물 14g, 단백질 5g을 함유한다.
| 정답 ②

04 ★★★
0~4℃에서는 노화가 촉진된다.
| 정답 ④

05 ★★
구름떡은 찹쌀로 만든 떡이다.
| 정답 ①

06

켜떡이 아닌 것은?

① 녹두시루떡   ② 팥시루떡

③ 콩시루떡   ④ 쑥설기

07

떡의 노화 억제 방법으로 틀린 것은?

① 냉동 보관   ② 유화제의 사용

③ 소금 첨가   ④ 설탕 첨가

08

곡물의 경우 완전 호화에 필요한 수분의 양은 대략 곡물량의 몇 배인가?

① 8배   ② 7배

③ 6배   ④ 5배

09

미처 호화되지 않고 남은 전분 입자들을 호화시키기 위해 하는 작업은?

① 뜸들이기   ② 펀칭

③ 반죽하기   ④ 불리기

10

멥쌀(백미)보다 찰기가 많아 노화가 더딘 곡물은?

① 찹쌀   ② 메밀

③ 보리   ④ 밀

11

떡에 모양을 내기 위해 주로 절편 등에 이용되는 떡 도구는?

① 자
② 어레미
③ 시루
④ 떡살

✔ 빠른 정답 체크

11 ★

떡살(떡손)은 떡에 문양을 찍는 도구이다.

| 정답 | ④

12

복숭아와 살구를 이용한 떡의 이름은?

① 상화병
② 석이병
③ 혼돈병
④ 도행병

12 ★★★

도행병은 복숭아, 살구 등을 찐 후 걸러 멥쌀가루, 찹쌀가루에 버무린 떡이다.

| 정답 | ④

13

발색제에 대한 설명으로 옳지 <u>않은</u> 것은?

① 떡에 색을 내는 재료이다.
② 밝은 색부터 짙은 색의 순서로 넣는다.
③ 분말류는 물의 양을 줄인다.
④ 첨가 시 손으로 잘 비벼 주면서 쌀가루와 균일하게 섞는다.

13 ★★★

발색제 중 분말류는 물의 양을 늘린다.

| 정답 | ③

14

팥을 삶는 방법으로 옳은 것은?

① 3시간 정도 불려 삶는다.
② 물이 끓으면 삶은 첫 물은 버리고 다시 새 물을 부어 끓여 익힌다.
③ 끓는 물에 넣어 10분 정도 삶는다.
④ 설탕을 넣어 30분 정도 삶는다.

14 ★★

팥의 사포닌 성분을 제거하기 위해 첫 물이 끓으면 버리고 새 물을 넣어 끓인다.

| 정답 | ②

15

멥쌀떡보다 찹쌀떡이 더 빨리 굳는 이유로 옳은 것은?

① pH가 낮기 때문이다.
② 수분 함량이 적기 때문이다.
③ 아밀로오스의 함량이 많기 때문이다.
④ 아밀로펙틴의 함량이 많기 때문이다.

15 ★★

찹쌀은 아밀로펙틴 100%, 멥쌀은 아밀로펙틴 80%, 아밀로오스 20%이다. 아밀로오스 함량이 높을수록 노화가 잘 일어나고 빨리 굳는다.

| 정답 | ③

16

떡을 만들 때 두류의 영양상 특징으로 옳은 것은?

① 서리태에 있는 사포닌은 배탈을 치료하는 데 도움이 된다.
② 팥에는 비타민 B_1이 함유되어 있어 각기병 예방에 도움이 된다.
③ 쥐눈이콩은 금속이온과 만나면 색깔이 옅어진다.
④ 땅콩은 지방 함량이 높고 필수지방산이 낮다.

16 ★★

팥에는 탄수화물, 단백질, 비타민 B_1, 사포닌, 섬유소 성분이 함유되어 있으며, 비타민 B_1은 각기병 예방에 도움을 준다.

|정답| ②

17

녹색 색소에 해당하는 재료는?

① 치자
② 승검초
③ 대추고
④ 흑미

17 ★★★

① 치자 – 노란색
③ 대추고 – 갈색
④ 흑미 – 검은색

|정답| ②

18

떡을 반죽할 때의 현상으로 **틀린** 것은?

① 오래 치댈수록 글루텐이 형성되어 쫄깃하다.
② 오래 치댈수록 공기가 포함되어 부드러우면서 입 안에서의 감촉이 좋다.
③ 온도가 높은 물로 익반죽을 하면 반죽이 쉽고 점성이 생긴다.
④ 쑥이나 수리취 등을 섞어 반죽하면 노화 속도가 지연된다.

18 ★★★

글루텐은 밀에 들어 있는 단백질이다. 떡류 제조에는 주로 쌀가루, 보릿가루, 옥수숫가루 등을 사용한다.

|정답| ①

19

떡의 주재료로 옳은 것은?

① 고구마, 수수
② 찹쌀, 멥쌀
③ 흑미, 호두
④ 감, 차조

19 ★

떡의 주재료인 곡류에는 멥쌀가루, 찹쌀가루, 메밀가루 등이 있다.

|정답| ②

20

떡의 종류와 설명의 연결이 옳지 **않은** 것은?

① 켜떡 – 멥쌀가루, 찹쌀가루에 팥, 콩, 녹두 등의 기타 작물을 가공하여 만든 고물 등을 켜켜이 얹어 쪄낸 떡
② 가래떡 – 멥쌀가루를 찐 후 압출식 성형기로 뽑아낸 떡
③ 산승 – 찹쌀가루 등을 익반죽하여 둥글게 빚어 삶아 고물을 묻힌 떡
④ 단자 – 찹쌀가루를 되게 반죽하여 끓는 물에 삶아 내어 방망이로 꽈리가 일도록 친 후 소를 넣고 둥글게 빚어 고물을 묻힌 떡

20 ★★

• 산승은 찹쌀가루 등을 익반죽하여 꿀을 넣어 동글납작하게 지져낸 떡이다.
• 찹쌀가루 등을 익반죽하여 둥글게 빚어 삶아 고물을 묻힌 떡은 경단이다.

|정답| ③

21

고물용 부재료의 처리 방법으로 옳지 않은 것은?

① 호두 – 끓는 물에 2번 정도 데쳐서 떫은맛을 제거하여 사용한다.
② 잣 – 고깔을 떼어 내고 마른 행주로 닦은 후 사용한다.
③ 땅콩 – 전분에 점성이 많아 당면이나 청포묵을 만든다.
④ 깨 – 볶은 후 빻아 종이로 기름을 빼서 사용한다.

✓ 빠른 정답 체크

21 ★★
• 땅콩은 속껍질을 벗긴 후 빻아서 사용한다.
• 전분에 점성이 많아 당면이나 청포묵을 만들 때 사용하는 것은 녹두이다.
| 정답 | ③

22

두류 중 전분의 함량이 53%로 가장 높고 해열 작용 등의 기능이 있는 것은?

① 동부
② 강낭콩
③ 완두콩
④ 녹두

22 ★★
녹두는 탄수화물 약 60%, 단백질 약 25%로 영양가가 높다. 떡고물과 빈대떡, 청포묵의 원료로 쓰이며, 찬 성질이 있어 해열, 해독 작용을 한다.
| 정답 | ④

23

곡물을 가는 데 사용하는 도구는?

① 절구
② 맷돌
③ 방아
④ 안반

23 ★★
① 절구 – 곡식을 빻거나 찧는 데 사용하는 도구
③ 방아 – 곡물을 절구에 넣고 찧거나 빻는 도구
④ 안반 – 떡을 칠 때 쓰는 나무판
| 정답 | ②

24

쌀을 빻을 때 쌀가루 대비 필요한 소금의 양은 약 몇 %인가?

① 1%
② 2%
③ 3%
④ 4%

24 ★★★
쌀을 빻을 때 쌀가루 대비 필요한 소금의 양은 약 1%가 적당하며, 여름철에는 소금의 양을 약간 늘린다.
| 정답 | ①

25

섬유소가 많은 부재료를 섞어 떡을 만들 때 나타나는 효과는?

① 노화가 느려진다.
② 점성이 강해진다.
③ 떡이 질어진다.
④ 떡이 안 익는다.

25 ★★★
쑥이나 수리취 등 섬유소가 많은 재료를 섞어 떡을 만들 때에는 그 함량이 많을수록 수분 함량도 많아 떡의 노화 속도가 느려진다.
| 정답 | ①

대부분의 사람은 마음먹은 만큼 행복하다.

– 에이브러햄 링컨(Abraham Lincoln)

PART

02

떡류 만들기

학습 POINT!

떡의 종류별 제조 과정과 이에 따른 재료 준비 과정,
떡의 포장 방법에 대해 학습한다.
출제 비중이 높으므로 떡을 종류별로 비교하며 학습해야 한다.

01 재료 준비

01 재료의 계량

1. 계량 도구 준비
① 정확한 계량은 떡 재료를 경제적으로 사용할 수 있는 기본 사항이다.
② 떡 제조법의 표준화를 위해 모든 재료는 계량 도구를 사용하여 계량하는 것이 중요하다.

2. 계량 도구

되, 말	• 되(승, 升)는 곡식이나 액체, 가루 등의 분량을 측정하는 그릇 또는 부피의 단위로 한 되는 1.8L 정도의 부피를 말한다. • 말(두, 斗)은 한 되의 10배의 양을 말한다. 즉, 한 말은 한 되의 10배이다.
저울	• 무게를 측정할 때 사용한다(단위: g, kg). • 바늘이 숫자 '0'에 놓여 있어야 하며 평평한 곳에 수평으로 놓고 사용한다. • 아날로그식, 디지털식이 있다.
계량컵, 계량스푼	• 부피를 측정할 때 사용한다. • 외국에서는 1컵을 240mL, 우리나라에서는 1컵을 200mL로 한다.
타이머	떡의 가열, 숙성, 발효 등의 적절한 시점, 떡 제조 시간 측정을 위해 사용한다.
온도계	• 식품의 가열, 냉각 등은 온도와의 관계가 중요하다. • 적외선 비접촉식 온도계는 식품에 접촉하지 않기 때문에 온도계를 살균 처리할 필요가 없으며, 식품과 포장에 손상을 주지 않고, 온도를 순간적으로 읽을 수 있다.

> **합격보장 꿀팁 | 계량의 단위**
>
> • 1컵(1Cup) = 약 13큰술+1작은술 = 물 200mL
> • 1큰술(1Ts) = 3작은술 = 물 15mL
> • 1작은술(1ts) = 물 5mL

3. 재료 계량 방법
① 가루 재료

밀가루	덩어리지지 않도록 체에 쳐서 계량컵에 수북하게 담은 후 기구를 이용하여 표면을 편평하게 깎아 계량한다.
쌀가루	• 분쇄 과정 중 덩어리가 지므로 체에 쳐서 사용한다. • 대부분 전자저울을 사용하여 무게를 측정한다.
흑설탕	덩어리가 없게 하여 계량컵에 꼭꼭 눌러 담아 계량한다.

② 액체 재료: 계량컵이나 계량스푼에 넘치지 않을 정도로 담고, 눈금의 밑선에 눈높이를 맞춰 눈금을 읽는다.

물	표면장력이 있으므로 흘러넘치지 않을 정도로 가득 담아 계량한다.
꿀, 물엿, 기름	점성이 높아 무게로 계량하는 것이 계량의 오차를 줄일 수 있다.

③ 고체 재료
  • 고체 재료는 무게를 재는 것이 정확하다.
  • 버터나 마가린은 실온에서 부드러운 반고체로 만들어 계량 도구에 공간 없이 수북하게 담아 눌러 위를 편평
    하게 만든 후 계량한다.
④ 알갱이 상태(쌀, 깨, 팥, 콩 등)의 재료: 계량 도구에 가득 담아 살짝 흔들어 윗면을 평면이 되게 만들어 계량한다.

02 재료의 전처리

콩	불순물을 제거하기 위해 수침 과정을 거친 후 가열하여 사용하며 껍질이 두꺼운 콩류는 6~12시간 불려서 사용한다.
땅콩	속껍질을 벗긴 후 빻아서 사용한다.
깨	볶은 후 빻아 종이로 기름을 빼서 사용한다.
팥	사포닌 성분을 제거하기 위해 첫 물이 끓으면 버리고 새 물을 부어 삶아 사용한다.
대추	젖은 면포로 닦아 사용하며 고명으로 사용할 때는 돌려깎기하여 곱개 채 썰어 사용한다.
호박고지	미지근한 물에 담그거나 살짝 묻혀 한 시간 정도 불린 후 설탕으로 버무려 단맛을 더해 사용한다.
잣	고깔을 떼어 내고 마른 행주로 닦은 후 종이 위에 올려 칼날로 다져 사용한다.
오미자	찬물에 담가 우린 다음 면보자기로 걸러 사용한다.
쑥	잎만 데쳐서 사용할 만큼만 싸서 냉동한다.
거피팥,
거피녹두	6~8시간 정도 물에 불린 후 손으로 비벼서 껍질을 제거하고 헹군 후 물기를 제거한 뒤 찜기에 찐다.

02 고물 만들기

01 고물, 소 만들기

1. 고물의 중요성
① 고물은 대부분의 떡(백설기처럼 아무 것도 섞지 않는 떡 제외)에 반드시 필요한 부재료이다.
② 고물의 종류에 따라 떡의 명칭이 정해질 정도로 매우 중요한 재료이다.

2. 고물의 기능
① 떡에 맛과 영양을 부여한다.
② 떡이 서로 붙는 것을 방지한다.
③ 가루 사이에 층을 형성하여 떡이 잘 익을 수 있도록 도와준다.

3. 고물의 종류

팥고물	• 팥의 사포닌 성분을 제거하기 위해 첫 물이 끓으면 버리고 새 물을 부어 다시 삶는다. • 팥고물은 수분의 양을 최소화하거나 당의 함량을 높여 상하는 것을 방지해야 한다. • 거피팥고물 만드는 방법: 계량 → 씻기 → 8시간 불리기 → 손으로 비벼서 껍질 제거 → 3~4회 헹구고 조리로 이물질을 일어내기 → 찜기에 30~40분 찌기 → 팥이 뜨거울 때 0.8%의 소금 넣기 → 식히기 → 빻기 → 당도 조절(설탕 넣기) → 볶음 솥에 볶기 → 냉각 → 체에 내리기 • 팥고물 볶는 방법(거피 볶은 팥고물, 두텁고물): 삶은 팥 + 소금 → 펀칭기 → 분쇄 → 냉각 → 질면 볶기 → 소분하여 포장 • 붉은팥고물 만드는 방법: 계량 → 3~5회 씻기 → 24시간 불리기 → 1차 삶기 → 30분 물기 빼기 → 2차 삶기(팥의 5배의 물을 넣고 팥이 터지기 시작할 때까지) → 물기 제거 → 뜨거울 때 0.8% 소금 넣기 → 냉각 → 빻기 → 설탕 넣기 → 볶음 솥에 볶기 • 경단의 고물로 볶은 팥고물을 사용하는데, 표면에 물기가 많아 고물이 질어질 경우 팥을 볶아 김이 오를 때 설탕을 넣고 재빨리 냉각시킨 다음 경단에 묻힌다.
녹두고물	• 거피팥고물 만드는 방법과 동일하다. • 녹두를 통으로 소나 고물로 사용할 경우에는 찐 녹두를 그대로 사용한다. • 고운 고물로 사용할 경우에는 찐 것을 용도에 맞게 중간체나 어레미에 내려 사용한다. • 편, 단자, 송편의 소나 고물로 사용한다.
콩고물	• 노란콩은 노란콩가루로 만들어 사용하고, 연두콩은 연두콩가루로 만들어 사용한다. • 인절미, 경단, 다식 등을 만드는 데 사용한다. • 만드는 방법: 계량 → 씻기 → 3~4회 헹궈 이물과 껍질 제거 후 물기 제거 → 솥에서 타지 않게 볶기(껍질이 갈라질 때까지) → 냉각 → 소금, 설탕 넣기 → 빻기 → 냉각 → 소분, 저장 • 찌는 콩고물은 여름 편떡을 만들 때 주로 사용하는데, 콩을 씻어 물기를 뺀 후 찜기에 쪄서 뜨거울 때 빻아 어레미에 내려 사용한다.
밤고물	• 만드는 방법: 세척 → 껍질째 삶기 → 찬물 → 겉껍질, 속껍질 제거 → 소금 넣기 → 빻기 → 체에 내리기 • 단자, 경단, 송편의 소나 고물로 사용한다.
참깨고물	• 만드는 방법: 계량 → 씻기(껍질 제거) → 불리기 → 물기 제거 → 볶기 → 빻기 → 기름 제거(종이, 한지 사용) • 강정고물이나 산자고물로 사용할 때에는 볶은 후 빻지 않고 통째로 사용한다. • 음식이 상하기 쉬운 여름철에 주로 사용한다. • 편, 인절미, 송편이나 주악의 소나 고물로 사용한다. • 깨에는 세사몰이라는 항산화 물질이 있다.
흑임자고물	• 만드는 방법: 참깨고물을 만드는 방법과 같으며 빻은 후 체에 내려 사용한다. • 음식이 상하기 쉬운 여름철에 주로 사용한다.

 **합격보장 꿀팁** 팥시루떡의 고물

팥시루떡의 고물은 볶으면 설탕이 녹아 고물이 질척해질 수 있으므로 볶지 않고 사용한다.

02 고명 만들기

대추채	• 윤기가 나고 통통하면서 굵은 대추를 골라 젖은 면포로 닦아 사용한다. • 돌려깎기하여 밀대로 밀어 곱게 채 썰어 대추단자, 색단자, 경단 등의 고물이나 고명으로 사용한다.
밤채	• 밤은 껍질을 깨끗하게 벗겨 색이 변하지 않게 설탕물에 담갔다가 건져 물기를 제거하고 채 썰어 사용한다. • 삼색편 등의 고명으로 사용한다.
석이채	• 석이는 따뜻한 물에 담가 불린 후 안쪽의 막을 깨끗이 제거한 다음 비벼 씻어 돌을 떼어 내고 물기를 제거하여 채 썬다. • 각색편, 단자, 증편 등의 고물이나 고명으로 사용한다.
잣	• 잣은 고깔을 떼고 한지나 종이 위에 올려 놓고 칼날로 곱게 다져 사용한다. • 한과, 단자 등의 고명이나 고물로 사용한다.

합격보장 꿀팁 고명 잣

• 실백: 잣의 속껍질까지 벗긴 알맹이 잣
• 비늘잣: 잣을 길이로 반을 가른 것
• 잣가루: 잣을 곱게 다져 기름기를 빼 보슬보슬하게 만든 것

03 떡류 만들기

01 찌는 떡류

1. 설기떡류

① 정의: 멥쌀가루만 넣거나 부재료를 함께 넣어 한 덩어리가 되게 찌는 떡(무리떡, 무리병)을 말한다.

② 종류

멥쌀가루로만 찐 떡	백설기
멥쌀가루에 부재료를 넣어 만든 떡	콩설기, 무지개떡, 감설기, 모둠설기, 호박설기, 쑥설기, 녹차설기, 잡과병 등

③ 설기떡류 만들기: 설기떡을 만들 때에는 찬물을 주어 체에 내리는 것에 유의한다.

백설기 (흰무리)	• 백설기라는 이름은 「규합총서」에서 '백설고'라고 불리기 시작한 데에서 생겼다. • 백설기를 찔 때 수분이 부족하면 금이 가거나 부서질 수 있다. • 백설기와 같은 무리떡은 칼집을 넣지 않고 찌고, 조각으로 나눌 경우에는 익히기 전에 먼저 칼집을 넣고 찐다. • 재료: 멥쌀가루, 소금, 설탕 • 제조 과정: 쌀 씻기 → 불리기 → 물 빼기 → 빻기 → 소금 넣기 → 물 주기 → 체에 내리기 → 설탕 넣기 → 찌기
콩설기	• 멥쌀에 콩을 넣고 섞어 찐 떡이다. • 재료: 멥쌀가루, 서리태, 소금, 설탕 • 제조 과정: 쌀 씻기 → 불리기 → 물 빼기 → 빻기 → 소금 넣기 → 콩 불리기 → 익히기 → 물 주기 → 체에 내리기 → 설탕 넣기 → 바닥에 콩 1/2 깔기 → 나머지 콩과 쌀가루 섞기 → 찌기
무지개떡	• 멥쌀가루에 여러 가지 색을 들여 고물 없이 찐 떡이다. • 용도에 따라 색상의 가짓수와 색의 농도를 다르게 한다. • 재료: 멥쌀가루, 색소, 소금, 설탕 • 제조 과정: 쌀 씻기 → 불리기 → 물 빼기 → 빻기 → 소금 넣기 → 등분하기 → 각각의 색을 내서 물 주기 → 체에 내리기 → 설탕 넣기 → 각각의 색 순서대로 수평으로 안친 후 찌기

> **합격보장 꿀팁 설기떡이 익지 않는 경우**
>
> • 쌀가루에 수분이 적은 경우
> • 찜기 밖으로 불꽃이 나갈 정도로 센불에 찐 경우
> • 충분히 찌지 않은 경우

2. 켜떡류

① 정의: 시루떡의 한 종류로 찹쌀과 멥쌀에 다양한 고물을 켜켜이 넣고 찐 떡이다. 켜를 만들기 위한 고물로는 팥, 녹두, 깨 등을 사용한다.

② 종류

원재료에 따른 분류	• 메시루떡: 멥쌀 100% • 반찰시루떡: 찹쌀 50%+멥쌀 50% • 찰시루떡: 찹쌀 100%
고물에 의한 분류	팥시루떡, 녹두시루떡, 거피팥시루떡, 동부시루떡, 콩시루떡, 깨시루떡, 물호박떡 등
부재료에 의한 분류	• 채소: 쑥편, 느티떡, 무시루떡, 상추시루떡, 물호박떡 • 과일즙: 도행병 • 과일: 잡과병, 신과병 • 깨: 깨시루떡

③ 켜떡류 만들기

종류	재료	제조 과정
팥고물시루떡	멥쌀가루, 붉은팥고물, 소금, 설탕	쌀 씻기 → 불리기 → 물 빼기 → 소금 넣어 빻기 → 물 주기 → 체에 내리기 → 설탕 넣기 → 시루에 팥고물 뿌리기 → 쌀가루 넣기 → 팥고물 뿌리기 → 찌기
녹두찰편	찹쌀가루, 녹두고물, 소금, 설탕	쌀 씻기 → 불리기 → 물 빼기 → 소금 넣어 빻기 → 물 주기 → 체에 내리기 → 시루에 녹두고물 뿌리기 → 찹쌀가루 안치기 → 녹두고물 뿌리기 → 찌기

합격보장 꿀팁 **각색편과 삼색별편**

멥쌀가루를 주재료로 한 대표적인 떡이다.
- 각색편: 백편, 꿀편, 승검초편, 대추편 등
- 삼색별편: 송기편, 송화편, 흑임자편

3. 찌는 찰떡류

① 정의: 설기떡과 제조 방법이 유사하지만 찹쌀가루를 사용한다는 점에서 다르다. 찹쌀은 점성이 강하기 때문에 찰떡을 찜기에 안칠 때에는 증기가 잘 올라오도록 한 주먹씩 가볍게 쥐어서 듬성듬성 안쳐야 한다.

② 종류

찹쌀가루와 부재료만 쪄내어 성형	• 찹쌀가루에 검은콩, 붉은팥, 호박고지 등을 섞어 찐 후 모양을 성형하고 냉각시켜 잘라 포장하는 방법이다. • 종류: 쇠머리떡, 콩찰떡
고물 없이 쪄내어 고물을 묻혀 성형	• 찹쌀가루에 밤, 대추, 호두 등을 섞어 찐 후 붉은팥 앙금이나 검은 깻가루 등의 고물을 묻혀 틀에 굳히고 성형하는 방법이다. • 종류: 구름떡
찹쌀가루를 쪄내어 펀칭한 후 성형	• 인절미 제조 방법과 비슷하지만 부재료만 따로 익힌 후 섞어 성형한다는 점이 다르다. • 떡 제조업체에서 영양떡을 대량으로 제조할 때 사용하는 방법이다.

③ 찌는 찰떡류 만들기: 쌀 씻기 → 불리기 → 부재료 준비하기 → 물 빼기 → 소금 넣어 빻기 → 물 주기 → 2차 빻기 → 설탕 넣기 → 부재료 넣기 → 시루에 안치기 → 찌기 → 성형 → 절단

02 빚는 떡류

1. 빚어 찌는 떡(송편)

① 정의: 쌀가루를 익반죽 또는 날반죽을 한 후 모양을 만들어 찌는 떡이다.
② 종류: 송편(송병), 모시잎송편, 쑥송편, 쑥개떡, 꿀떡 등
③ 빚어 찌는 떡류(송편) 만들기: 쌀 씻기 → 불리기 → 물 빼기 → 소금 넣어 빻기 → 체에 내리기 → 익반죽하기 → 빚기 → 찌기

2. 빚어 삶는 떡(경단)

① 정의: 찹쌀을 반죽하여 빚은 후 끓는 물에 삶아 건져낸 다음 고물을 묻혀 만든 떡이다.
② 종류: 찹쌀경단, 수수경단, 석이단자, 대추단자, 쑥구리 단자 등
③ 빚어 삶는 떡류(경단) 만들기: 찹쌀 씻기 → 불리기 → 물 빼기 → 소금 넣어 빻기 → 체에 내리기 → 익반죽하기 → 빚기 → 끓는 물에 삶기 → 냉각 → 고물 묻히기

- 끓는 물에 의해 전분 일부가 호화되면 점성이 증가하여 쉽게 성형할 수 있다.
- 물의 온도가 높을수록 모양을 빚기는 쉬우나 금방 마르고 잘 굳으며, 물의 온도가 낮을수록 떡을 쪘을 때 쫄깃하다.

03 치는 떡류

1. 인절미
① 정의: 불린 찹쌀을 쪄 도구를 사용하여 쳐서 모양을 만든 후 고물을 묻힌 떡으로 인병, 은절병이라고도 부른다.
② 재료

주재료	찹쌀, 현미, 흑미, 차조(차좁쌀) 등
부재료	쑥, 수리취 등
고물	콩가루, 깻가루, 팥고물(녹두, 거피팥, 붉은팥, 동부), 카스텔라, 흑임자가루 등

③ 인절미 만들기: 쌀 씻기 → 불리기 → 물 빼기 → 소금 넣어 빻기 → 시루 안에 시룻밑을 깔고 설탕 살짝 뿌리기 → 떡가루 안치기 → 찌기 → 뜸들이기 → 펀칭기로 치기(펀칭기에 넣고 치대면서 설탕 가감하기) → 성형 → (콩)고물 묻히기

- 오메기떡: 차조가루와 찹쌀가루를 섞어서 익혀 펀칭한 후 인절미피에 팥소나 녹두소 등을 넣어 만드는 떡이다.
- 인절미말이: 인절미를 넓게 펴서 소를 넣고 마는 형태의 떡이다.
- 통찹쌀 인절미(밥알 인절미): 찹쌀을 씻어 불린 후 고두밥을 쪄서 밥알이 없어질 때까지 펀칭한 다음 먹기 좋게 잘라 고물을 묻힌 떡이다.

2. 가래떡류
① 정의: 치는 떡의 일종으로 멥쌀가루를 쪄서 안반에 놓고 친 다음 길게 밀어 모양을 만든 떡이다. 흰떡을 조금씩 떼어 손으로 비벼 둥글고 길게 늘인 모양으로 권모라고도 부른다.
② 종류

가래떡	압출식 성형기에 원형 노즐을 부착하여 원형 막대기 모양으로 길게 뽑아지는 떡을 적당한 길이로 절단한 것이다.
떡국떡	• 가래떡을 냉각하여 경화시킨 후 경사진 모양으로 동그랗고 얇게 절단한 떡이다. • 주로 떡국을 만드는 용도로 사용한다.
절편	• 압출식 성형기에 직사각형의 노즐을 부착하여 판형으로 길게 뽑아지는 떡을 일정한 길이로 절단한 것이다. • 전통 문양을 새겨 넣은 두 개의 롤러 사이를 통과시켜 표면에 무늬를 넣기도 한다.
조랭이떡	성형기 말단에 땅콩 모양의 무늬를 새겨 넣은 두 개의 롤러 사이를 통과시킨 것이다.
치즈떡볶이 떡	• 찌기 공정이 끝난 떡을 특수한 압출기에 통과시켜 튜브 형태로 성형한 것이다. • 동시에 특수한 포앙기를 통과시켜 치즈류, 단팥앙금류 등의 부재료를 충전한다.

③ 가래떡 만들기: 쌀 씻기 → 불리기 → 물 빼기 → 소금 넣어 빻기 → 물 주기 → 2차 빻기 → 시루에 안치기 → 찌기 → 압출 성형 → 절단

04 기타 떡류

1. 약밥

① 정의: 찹쌀로 찰밥을 지어 양념과 부재료를 넣어 쪄낸 것으로 무병장수와 풍요를 기원하는 마음을 담고 있어 정월대보름에 먹는 대표 음식이다. 「삼국유사」에 의하면 신라 소지왕 때 왕의 생명을 구해준 까마귀의 은혜를 갚기 위해 만든 것으로 유래한다.

② 재료

주재료	찹쌀
부재료	밥, 잣, 대추 등
고물	대추고, 황설탕, 캐러멜소스, 꿀, 계피 등

③ 약밥 만들기

주요 재료 전처리	• 찹쌀: 불리기 • 밤: 껍질 제거 → 자르기 • 대추: 면포에 닦기 → 돌려깎기 → 자르기 • 대추고: 자른 대추에 잠길 만큼의 물을 붓고 약불에서 끓이기 → 체에 내리기 → 약불로 조리기 • 잣: 고깔 제거 → 마른 행주로 닦기 → 약밥을 2차로 찔 때 또는 완성 후 모양을 낼 때 넣기 • 캐러멜소스: 설탕+물을 끓이기(끓일 때 젓지 않음) → 170~190℃에서 갈색이 나오게 졸이기 → 설탕이 갈색으로 변하면 불을 끄고 물엿을 혼합하기 → 뜨거운 물을 조금씩 넣고 냄비를 흔들며 섞어 주기
제조 과정	찹쌀 씻기 → 불리기 → 물 빼기 → 찹쌀 1차 찌기(40분) → 소금물 뿌리기 → 찌기 → 양념+부재료 섞기 → 상온 보존 → 2차 찌기(30분) → 모양 만들기

2. 증편

① 정의: 멥쌀가루에 막걸리를 넣어 반죽한 후 더운 방에서 부풀려서 찐 떡으로 발효과정을 거치며 여름철에 주로 만들어 먹는다.

② 재료

주재료	멥쌀
부재료	대추, 밤, 잣, 석이버섯 등

③ 증편 만들기

주요 재료 전처리	• 멥쌀: 불리기 • 대추: 면포에 닦기 → 돌려깎기 → 채 썰기 • 잣: 비늘잣(가로로 반 자르기) • 석이버섯: 불리기 → 안쪽에 이끼 제거 → 채 썰기
제조 과정	멥쌀 씻기 → 불리기 → 물 빼기 → 소금 넣어 빻기 → 막걸리에 설탕을 넣어 미지근하게 중탕하기 → 쌀가루에 중탕한 막걸리를 넣어 묽게 반죽하기 → 따뜻한 곳에 5시간 정도 발효하기(약 반죽의 2배 이상) → 증편틀에 반죽을 부어 20분 찌기

04 떡류 포장 및 보관

01 떡류 포장 및 보관 시 주의사항

1. 식품 포장의 정의

식품 포장의 경우 과거에는 상품의 품질 보존과 보호를 위해 실시했다면 현재는 상품의 보관뿐만 아니라 다양한 형태와 소재로 디자인적인 부분에도 중점을 두어 판촉 및 홍보, 유통의 편의성을 더한 것이다.

> **합격보장 꿀팁** 「식품 등의 표시·광고에 관한 법률」 제1조, 제4조
> - 소비자의 알 권리를 보장하고 건전한 거래 질서를 확립함으로써 소비자 보호에 이바지함을 목적으로 한다.
> - 식품, 식품첨가물 또는 축산물의 경우 제품명, 내용량 및 원재료명, 영업소 명칭 및 소재지, 소비자 안전을 위한 주의사항, 제조연월일, 소비기한 또는 품질유지기한 등을 표시해야 한다.

2. 포장의 기능

① 해충 등 이물질 차단(위생성)
② 노화 지연(보존의 용이성)
③ 파손 방지(보호성, 안전성)
④ 상품성 가치 상승, 판매 촉진(상품성)
⑤ 제품의 중량과 성분 파악(정보성)
⑥ 운반 및 보관의 편리(간편성)

3. 떡의 포장 시 주의사항

① 떡은 수분 함량이 많으면 쉽게 상하므로 김이 빠진 후 포장한다.
② 떡의 겉면이 마르지 않도록 실온에서는 비닐을 덮어 식히고, 수분 차단성이 높은 포장재를 사용한다.

4. 떡류의 보관 시 유의사항

① 당일 판매할 물량만 제조하며 노화가 진행된 제품은 판매하지 않는다.
② 빛이 들지 않고 서늘한 곳에 보관하여 진열·판매한다.
③ 떡은 냉장 보관 시 노화가 빨리 일어나므로 0℃ 이하로 동결시키거나 60℃ 이상에서 온장 보관하는 것이 적합하다(온도 0~4℃, 습도 0~40%에서 노화가 가장 빠름).

5. 냉장·냉동 등의 보관 방법

냉장	• 0~4℃에서 보관하는 방법으로 채소, 과일, 육류 등의 저장에 적합하다. • 식품의 수분이 건조되므로 밀봉해서 보관하며 조리된 음식은 윗칸에 보관해야 한다.
냉동	• 미생물은 10℃ 이하에서는 발육이 억제되고 반응 속도가 느리며, 0℃ 이하에서는 작용하지 못한다. • 전처리하여 −18℃ 이하가 되도록 급속동결한 후 판매할 목적으로 포장된 식품을 냉동 식품이라고 한다. • 완만 냉동 시 얼음 결정이 커서 식품의 품질을 저하시킨다. • 냉동 방법 　− 천천히 얼리면 큰 얼음 결정이 생겨 조직이 상하므로 품질의 저하를 막기 위해 −40℃의 급속동결법이나 −194~196℃의 액체질소법을 사용한다. 　− 채소류는 데친 후 식혀 물기를 제거하고 동결한다(효소의 불활성화, 미생물 살균, 조직 연화, 부피 감소). 　− 냉동할 재료는 신선한 것을 선택하고 밀폐하여 냉동하며, 해동 후 재냉동하지 않는다.

- 근섬유의 손상으로 해동 시 수분이 흡수되지 않아 구멍이 생긴다.
- 드립(drip)이 발생하여 영양분이 손실된다.
- 중량, 풍미, 식감이 감소한다.
- 동결육 건조에 의한 지방 산화로 변색, 변성 등의 동결 화상이 생긴다.

02 떡류 포장 재료의 특성

1. 포장 재질

종이	• 인쇄가 용이하고 다른 포장재의 초기 포장재로 사용한다. • 내수성, 내습성 등에 취약하다.
알루미늄박	자외선에 의해 변질되는 식품의 포장에 적당하다.
셀로판	• 일반적으로 독성이 없고 먼지를 타지 않는다. • 증기의 투과성이 좋고 내유성(기름을 잘 견디어 내는 성질)이 좋다. • 가시광선의 약 90%를 투과시킨다.
아밀로오스 필름	• 포장재 자체를 먹을 수 있다. • 물에 녹지 않으며 신축성이 좋다.
폴리에틸렌(PE)	• 인체 무독성으로 식품 포장재로 가장 많이 사용한다. • 내수성이 좋으며 소량 생산에도 포장 규격화가 용이하다. • 열가소성 플라스틱 소재로 페트병 등의 주원료이다.
폴리프로필렌(PP)	폴리에틸렌(PE)보다 질기고 융점이 높으며 인장 강도가 커서 음식, 화장품 용기, 카펫 등에 사용한다.
폴리스티렌(PS)	• 가격이 저렴하고 가공성이 용이하며 투명, 무색이다. • 광학적 성질이 우수하고 질긴 것이 특징이다.
폴리염화비닐리덴 (PVDC)	• 투명하고 거의 무색에 가까운 열가소성 플라스틱이다. • 가스와 수분 등의 차단성이 우수하며 가공식품의 장기 보관용 포장재로 사용한다.

독성 화학 물질로 냅킨이나 포장지에 사용하는 경우 폐암을 유발할 수 있다.

2. 포장·용기 표시사항

제품명	제품을 나타내는 고유의 명칭
식품의 유형	식품의 기준과 규격의 분류 단위
영업소(장)의 명칭(상호)과 소재지	영업소(장)의 명칭(상호)과 주소
유통기한	제품 제조일로부터 소비자에게 허용된 판매 기한
원재료명	식품첨가물의 처리·제조·가공 또는 조리에 사용되는 물질로 최종 제품에 들어 있는 것
포장·용기 재질	포장 재질의 이름
품목보고번호	「식품위생법」 제37조에 따라 제조·가공업 영업자가 관할 기관에 품목 제조를 보고할 때 부여되는 번호
그 외(해당 시)	함량 및 성분명, 보관 방법, 주의사항 등

꼭! 풀어볼 대표문제

01
고명 재료로 사용하지 <u>않는</u> 것은?

① 대추   ② 밤
③ 석이버섯   ④ 치자

02
떡이 쉽게 상하지 않도록 쌀가루에 술을 넣어 반죽하여 발효시킨 떡은?

① 단자   ② 증편
③ 약식   ④ 설기

03
송편을 만들 때 쌀가루를 익반죽하는 이유는?

① 빨리 상하지 않게 하기 위해
② 식중독을 예방하기 위해
③ 노화를 방지하기 위해
④ 점성을 주기 위해

04
설기떡류 중 멥쌀가루만으로 만든 흰색 떡은?

① 감설기   ② 백설기
③ 시루떡   ④ 백편

05
켜떡의 고물로 주로 사용하는 재료는?

① 밤   ② 대추
③ 팥   ④ 쑥

✓ 빠른 정답 체크

01 ★★
치자는 노란색을 내는 발색제로 사용한다.
| 정답 | ④

02 ★★★
① 단자 – 찹쌀가루를 쪄서 치댄 후 둥글게 빚어 꿀이나 고물을 묻힌 떡
③ 약식 – 찹쌀을 찐 후 양념과 부재료를 넣고 버무려 다시 찐 떡
④ 설기 – 멥쌀가루에 물을 내려 찐 떡
| 정답 | ②

03 ★★★
끓는 물을 부어 익반죽을 하면 쌀가루가 익어 점성이 생기기 때문에 모양 성형이 쉽고 갈라지지 않는다.
| 정답 | ④

04 ★★
백설기는 멥쌀가루에 물을 내려 쪄낸 설기떡류이다.
| 정답 | ②

05 ★★★
켜떡의 고물로는 팥, 콩, 녹두, 깨 등을 주로 사용한다.
| 정답 | ③

06

약밥 제조 시 캐러멜소스의 주된 역할은?

① 착색제
② 보존료
③ 감미제
④ 피막제

07

팥고물을 만드는 방법으로 잘못된 것은?

① 팥을 삶을 때 거품이 생기게 하는 물질인 사포닌을 제거하기 위해 첫 물이 끓으면 버리고 새 물을 부어 삶는다.
② 팥이 뜨거울 때 소금을 넣는다.
③ 당의 함량을 낮춘다.
④ 경단의 고물로 사용 시 팥을 볶아 만든다.

08

계량 방법에 대한 설명으로 틀린 것은?

① 저울은 수평으로 놓고 눈금은 정면에서 읽으며 바늘은 0에 고정시킨다.
② 가루 상태의 식품은 계량기에 꼭꼭 눌러 담은 다음 윗면이 수평이 되도록 깎아 잰다.
③ 액체 식품은 투명한 계량 용기를 사용하여 계량컵의 눈금과 눈높이를 맞추어 계량한다.
④ 가루 재료는 계량 전에 체질을 한다.

09

메밀가루로 만든 떡이 아닌 것은?

① 겸절병
② 오메기떡
③ 도래떡
④ 빙떡

10

설기떡을 만드는 순서로 맞는 것은?

① 쌀가루 만들기 → 물 내리기 → 반죽하기 → 찌기
② 쌀가루 만들기 → 반죽하기 → 물 내리기 → 찌기
③ 쌀가루 만들기 → 물 내리기 → 찌기
④ 쌀가루 만들기 → 반죽하기 → 찌기

06 ★★★

캐러멜소스는 황갈색을 내는 천연 색소이다.

|정답| ①

07 ★★★

팥고물은 수분의 양을 최소화하거나 당의 함량을 높여 상하는 것을 방지해야 한다.

|정답| ③

08 ★★★

가루 상태의 식품은 체를 친 후 누르지 않고 계량컵이나 계량스푼에 담아 평면으로 깎아 잰다.

|정답| ②

09 ★★

오메기떡은 차조가루, 찹쌀가루로 만든 떡이다.

|정답| ②

10 ★★★

설기떡은 멥쌀가루에 물을 내려 쪄낸 떡이다. 찌는 과정에서 호화되기 때문에 따로 반죽하지 않아도 된다.

|정답| ③

11

켜떡에 해당하지 않는 것은?

① 잡과병   ② 팥시루떡

③ 호박떡   ④ 녹두시루편

12

다음 중 약밥에 들어가는 주요 재료가 아닌 것은?

① 대추   ② 밤

③ 땅콩   ④ 잣

13

빚어 찌는 떡이 아닌 것은?

① 꿀떡   ② 송편

③ 쑥개떡   ④ 백미병

14

바람떡이라고도 부르는 떡은?

① 개피떡   ② 골무떡

③ 단자   ④ 빙자

15

찌는 찰떡류에 대한 설명으로 옳지 않은 것은?

① 찹쌀가루를 사용한다.

② 찜기에 안칠 때는 꼭꼭 눌러 담는다.

③ 찜기에 찐 후 성형을 한다.

④ 고물 없이 쪄낸 후 고물을 묻히는 방법도 있다.

11 ★★★

잡과병은 멥쌀가루에 여러 가지 과일을 섞어 찐 무리떡으로, 설기떡류의 일종이다.

| 정답 ①

12 ★★

약밥에는 대추, 밤, 잣 등이 들어간다.

| 정답 ③

13 ★★★

백미병은 콩과 대추, 밤이 들어간 메시루떡으로 찌는 떡(켜떡)이다.

| 정답 ④

14 ★★

개피떡은 성형 시에 공기가 들어가 부푼 모양으로 바람떡이라고도 부른다.

| 정답 ①

15 ★★

찹쌀은 점성이 강하기 때문에 찜기에 안칠 때에는 증기가 잘 올라오도록 한 주먹씩 가볍게 쥐어서 듬성듬성 안쳐야 한다.

| 정답 ②

16

멥쌀로 만든 떡이 아닌 것은?

① 주악
② 절편
③ 개피떡
④ 송편

17

약밥에 대한 설명이 아닌 것은?

① 정월대보름에 먹는 떡이다.
② 신라 소지왕 때 임금의 생명을 구해준 까마귀의 은혜를 갚기 위해 만든 떡이다.
③ 불린 찹쌀에 부재료와 간장, 설탕, 참기름 등을 한꺼번에 넣고 찐다.
④ 불린 찹쌀로 찰밥을 지어 양념과 부재료를 넣어 쪄낸 것이다.

18

설기떡을 만드는 데 옆면이 익지 않는 이유는?

① 떡을 오랫동안 익혔다.
② 찜솥에 물이 너무 많았다.
③ 체에 여러 번 내렸다.
④ 쌀가루에 물을 적게 넣었다.

19

다음 중 자외선에 의해 변질되는 식품을 포장하기에 가장 적합한 것은?

① 종이
② 알루미늄박
③ 아밀로오스 필름
④ 폴리에틸렌(PE)

20

떡의 보관 방법에 대한 설명으로 틀린 것은?

① 당일 판매할 물량만 제조한다.
② 노화가 진행된 제품은 판매하지 않는다.
③ 빛이 들지 않고 서늘한 곳에 보관하여 진열·판매한다.
④ 제조 즉시 냉장고에 보관한다.

16 ★★★

주악은 찹쌀가루를 송편 모양으로 빚은 후 기름에 지진 떡이다.

|정답| ①

17 ★★★

찹쌀을 1차로 찐 후 부재료와 양념을 섞어 2차로 찐다. 압력솥을 사용하는 경우 한꺼번에 찐다.

|정답| ③

18 ★★

설기떡이 익지 않는 경우
• 쌀가루에 수분이 적은 경우
• 찜기 밖으로 불꽃이 나갈 정도로 센 불에 찐 경우
• 충분히 찌지 않은 경우

|정답| ④

19 ★

① 종이 – 인쇄가 용이하지만 내수성, 내습성 등에 취약하다.
③ 아밀로오스 필름 – 포장재 자체를 먹을 수 있다.
④ 폴리에틸렌(PE) – 인체 무독성으로 식품 포장재로 가장 많이 사용한다.

|정답| ②

20 ★★★

떡은 냉장 보관 시 노화가 빨리 일어나므로 0℃ 이하로 동결시키거나 60℃ 이상에서 온장 보관하는 것이 적합하다.

|정답| ④

PART

03

위생 · 안전관리

학습 POINT!

개인과 작업환경의 위생관리, 안전관리, 식품위생법에 대해 학습한다.
작업환경 위생관리에서 다루는 HACCP의 내용은 꼭 알아두어야 한다.
누워서 떡먹기의 핵심요약을 참고하여 학습하면 암기가 수월할 것이다.

01 개인 위생관리

01 개인 위생관리 방법

1. 개인 위생 복장

두발 및 용모	• 긴 머리는 머리망을 사용하여 머리카락이 나오지 않도록 단정하게 정리한다. • 코와 입, 턱을 감싸는 마스크를 착용한다. • 지나친 화장이나 향수, 인조 속눈썹 등은 사용하지 않는다. • 손톱은 짧게 정리하고 매니큐어 등 손톱 장식은 하지 않는다.
위생복	• 조리복과 작업복은 항상 깨끗하게 유지하고 위생모는 귀와 머리카락이 보이지 않도록 착용한다. • 상의 소매와 하의는 길이가 짧지 않게 한다. • 앞치마는 조리용, 서빙용, 세척용으로 용도에 따라 구분하여 사용한다.
신발	• 신발은 미끄럽지 않고 신고 벗기가 용이한 것으로 착화한다. • 외부 출입 시에는 반드시 소독 발판에 신발을 소독한다. • 신발은 오염 구역과 비오염 구역을 구분하여 신는다.
장신구	• 식품을 조리·가공 중에 시계, 팔찌, 반지, 목걸이, 귀걸이 등 액세서리를 착용하지 않는다. • 개인 휴대품(지갑 등)을 소지하지 않는다.

2. 개인 위생관리

① 개인 위생 수칙

- 작업 전 머리, 얼굴 등을 만져 손을 오염시키거나 작업 중 마스크나 머리를 만지는 행동은 하지 않는다.
- 손에 묻은 물을 앞치마에 닦지 않는다.
- 식품 조리, 제조 중 화장실을 갈 때는 작업복, 모자, 신발을 바꿔 착용한다.
- 식품 취급 시 흡연, 음주 또는 껌을 씹는 행동을 하지 않는다.
- 발열, 복통, 설사, 인후통, 발진 등이 있을 경우 조리실에 들어가지 않는다.

② 손 위생

- 손은 상시 청결하게 유지하여 황색포도상구균이나 분변성 미생물로 인해 식품이 오염되는 것을 방지한다.
- 손은 역성비누를 사용하여 거품이 일어난 후 30초간 씻고 흐르는 따뜻한 수돗물에 깨끗이 씻는다.
- 에탄올을 70%로 희석하여 분무 용기에 담아 사용하며, 손의 에탄올이 완전히 마른 후 식품 제조에 참여한다.

> **합격보장 꿀팁** **역성비누의 특징**
>
> • 무색, 무취, 무미이다.
> • 유기물이 존재하면 살균력이 떨어지기 때문에 보통 비누와 같이 사용하지 않는다.

③ 건강관리

- 식품 취급자 및 조리자는 자신의 건강 상태를 확인하고 개인위생에 주의해야 한다.
- 식품영업자 및 종사원은 1년마다 정기 건강 진단을 받아야 한다.
- 결핵(비감염성 제외), 소화기계 감염병(콜레라, 장티푸스, 파라티푸스, 세균성이질, 장출혈성대장균감염증, A형간염), 피부병 또는 화농성질환, 후천성면역결핍증(AIDS)을 지닌 사람은 식품영업에 종사할 수 없다.

02 식품의 오염 및 변질의 원인

1. 식품의 오염

① 식품 오염의 정의: 유해 물질이나 유해 미생물이 식품에 함유되는 것을 말한다.

② 식품 오염의 원인
- 세균에 의해 오염되기 쉽다.
- 깨끗하지 않고 비위생적인 주변 환경은 식품의 조리 및 가공, 저장 과정에서 식품을 오염시킬 수 있다.

③ 잠재적 위해식품(PHF: Potentially Hazardous Food)
- 단백질과 수분 함량이 높은 식품은 세균 증식이 쉬운데, 이러한 식품을 '잠재적 위해식품'이라고 한다.
- 잠재적 위해식품은 5~60℃ 온도에서 미생물 증식이 높아지므로 조리된 식품을 상온에서 2시간 이상 보관하면 위험하다.
- 달걀, 유제품, 곡류, 콩류, 육류, 가금류, 조개류 등이 속한다.

④ 교차오염(cross contamination)
- 오염된 조리기구, 물, 식재료 등이 오염되지 않은 조리기구, 물, 식재료 등에 접촉되거나 혼입되어 오염되는 과정에서 교차오염이 발생할 수 있다.
- 조리기구, 칼, 도마 등은 식품군별(채소, 육류, 어류 등)로 구별하여 사용한 후 소독기에 보관한다.
- 사용 후 오염된 행주나 스펀지는 깨끗이 소독하여 사용한다.

2. 식품의 변질

① 식품 변질의 종류

부패(putrefaction)	• 단백질 식품의 변질(아민, 암모니아, 황화수소, 인돌에 의한 악취) • 혐기성 미생물에 의해 단백질이 분해되어 악취를 내고 인체에 유해한 물질을 생성하는 현상
변패(deterioration)	• 탄수화물, 지방의 변질 • 미생물에 의해 지방, 탄수화물이 변질되는 현상
산패(rancidity)	• 유지의 변질 • 햇볕과 공기 중에 오래 방치된 지방이 산화되는 현상(미생물에 의한 식품의 변질 현상이 아님)
발효(fermentation)	• 탄수화물 식품의 변질 • 유기산 및 알코올 생성(인체에 무해함) • 우리 몸에 효소나 미생물에 의해 유익한 균이 생성되는 현상
후란(decay)	단백질 식품이 호기성 세균에 의해 변질되는 현상

② 식품 변질에 영향을 주는 인자
- 온도: 고온균 50~60℃, 중온균 25~37℃, 저온균 10~20℃에서 잘 증식하고, 미생물은 일반적으로 30~50℃에서 활동이 활발하며(식품공정상 표준 온도는 20℃임) 완전 동결 상태에서는 변질되기 어렵다.
- 영양소: 탄수화물, 질소(아미노산, 무기질소), 무기염류, 비타민 등이 필요하다.
- 수분: 미생물의 발육 및 증식에는 40% 이상의 수분이 필요하다.

> **합격보장 꿀팁** 미생물 생육에 필요한 수분활성도
>
> 세균(0.94) > 효모(0.88) > 곰팡이(0.80)

- 수소이온농도(pH): 세균은 pH 6.5~7.5, 곰팡이와 효모는 pH 4~6에서 생육이 활발하다.
- 산소

혐기성균	산소가 없어야 증식
편성혐기성균	산소가 절대적으로 없어야 증식(보툴리누스균, 웰치균)

통성혐기성균	산소의 유무에 상관없이 증식(젖산균, 효모)
호기성균	산소가 반드시 있어야 증식
편성호기성균	산소가 충분해야 잘 증식

🏠 **합격보장 꿀팁** 미생물의 종류 및 특징

- 바이러스: 미생물 중 크기가 가장 작으며, 살아 있는 세포에 증식한다.
- 효모: 곰팡이와 세균의 중간 크기로, 산소 유무에 상관없이 증식(통성혐기성)하며(출아법), 일부는 −10℃에서도 생존한다. 알코올의 제조나 제과·제빵에 사용하므로 식품의 위해 요인이라고 볼 수 없다.
- 세균: 구균, 간균, 나선균의 형태로, 2분법으로 증식한다.
- 곰팡이: 균사체를 가진 미생물로, 건조한 상태로도 증식이 가능하며 곰팡이 포자는 저온에 대한 저항성이 강하다.
- 리케차: 세균과 바이러스의 중간 크기로, 큐열, 양충병, 발진티푸스 등을 발생시킨다.
- 스피로헤타: 단세포생물과 다세포생물의 중간 형태로, 감염균으로는 매독균, 회귀열 등이 있다.

③ 식품 변질의 판정법

관능 검사	시각, 촉각, 미각, 후각을 이용한 식품의 부패 판정 방법이다.
물리적 검사	식품의 점성, 탄력성, 경도 등을 측정한다.
미생물학적 검사(생균수 검사)	생균수를 검사하여 식품 1g당 $10^7 \sim 10^8$일 때 초기부패로 판정한다.
화학적 검사	• 트리메틸아민(TMA, 어류의 비린내 성분): 식품 100g당 3~4mg%이면 초기부패로 판정한다. • 휘발성 염기질소(VBN, 단백질 부패 시 암모니아 등 생성): 식품 100g당 30~40mg%이면 초기부패로 판정한다. • 히스타민(알레르기성 물질): 식품 1g당 4~10mg% 이상 축적되면 초기부패로 판정한다. • 수소이온농도(pH): pH 6~6.2이면 초기부패로 판정한다.

④ 식품 변질의 예방법

물리적 방법	건조법	• 열풍건조: 육류, 어류 • 분무건조: 분유 • 일광건조: 농산물, 김, 곡류 • 배건법: 보리차, 찻잎
	냉각법	• 냉동법: 육류 • 냉장법: 과일, 채소 • 냉동건조법: 한천, 당면 • 움 저장법: 고구마, 무 등
	가열 살균법	• 저온 살균법(61~65℃, 30분): 우유, 주스, 간장, 소스 • 고온단시간 살균법(70~75℃, 15~30초): 과즙, 우유 • 고온장시간 살균법(90~120℃, 30~60분): 통조림 • 초고온순간 살균법(130~140℃, 1~2초): 과즙, 우유
	조사 살균법	• 자외선 살균법(2,500~2,800 Å 의 자외선): 음료수, 분말식품 • 방사선 살균법(감마선): 곡류, 축산물, 청과류
화학적 방법		• 염장법(농도 10% 이상의 소금물): 해산물, 육류, 채소의 탈수, 건조, 저장 • 당장법(농도 50% 이상의 설탕액, 세균 생육 억제): 과일류, 젤리, 잼, 가당연유 • 산저장법
복합적 방법		• 훈연: 햄, 베이컨 • 염건법: 굴비, 조기 • 밀봉법: 통조림, 진공 포장, 레토르트파우치 • CA저장법: 채소, 과일, 달걀, 곡류

1. 감염병의 의의

바이러스, 세균, 진균, 기생충 등에 의해 감염된 질환이다.

2. 감염병 생성의 6단계

① 병원체: 세균, 바이러스, 리케차, 스피로헤타, 원충 등

② 병원소: 사람, 동물, 토양, 매개곤충

③ 병원소로부터 병원체의 탈출: 호흡기계로의 탈출

④ 병원체 전파: 비말전파, 공기전파

⑤ 병원체의 침입: 피부점막 침입, 소화기계 침입, 호흡기계 침입

⑥ 숙주의 감수성: 면역력이 있으면 감염되지 않음

3. 감염병의 분류

① 병원체에 따른 분류

바이러스	폴리오(급성회백수염, 소아마비), A형간염, 천열, 인플루엔자, 홍역, 유행성이하선염, 일본뇌염, 공수병(광견병) 등
세균	장티푸스, 이질, 콜레라, 장출혈성대장균, 파라티푸스, 결핵, 한센병, 디프테리아, 백일해, 성병 등
리케차	쯔쯔가무시증, 큐열, 발진열, 발진티푸스 등
스피로헤타	매독, 서교증, 와일씨병
원충	아메바성이질 등

② 법정감염병의 분류

구분	내용	종류
제1급 감염병	생물테러감염병 또는 치명률이 높거나 집단 발생의 우려가 커서 발생 또는 유행 즉시 신고해야 하며 음압격리와 같은 높은 수준의 격리가 필요한 감염병이다.	에볼라바이러스병, 마버그열, 라싸열, 크리미안콩고출혈열, 남아메리카출혈열, 리프트밸리열, 두창, 페스트, 탄저, 보툴리눔독소증, 야토병, 신종감염병증후군, 중증급성호흡기증후군(SARS), 중동호흡기증후군(MERS), 동물인플루엔자인체감염증, 신종인플루엔자, 디프테리아
제2급 감염병	전파 가능성을 고려하여 발생 또는 유행 시 24시간 이내에 신고해야 하고, 격리가 필요한 감염병이다.	결핵, 수두, 홍역, 콜레라, 장티푸스, 파라티푸스, 세균성이질, 장출혈성대장균감염증, A형간염, 백일해, 유행성이하선염, 폴리오, 수막구균감염증, b형헤모필루스인플루엔자, 폐렴구균감염증, 한센병, 성홍열, 반코마이신내성황색포도알균(VRSA)감염증, 카바페넴내성장내세균속균목(CRE)감염증, E형간염, 풍진
제3급 감염병	발생을 계속 감시할 필요가 있어 발생 또는 유행 시 24시간 이내에 신고해야 하는 감염병이다.	파상풍, B형간염, 일본뇌염, C형간염, 말라리아, 레지오넬라증, 비브리오패혈증, 발진티푸스, 발진열, 쯔쯔가무시증, 렙토스피라증, 브루셀라증, 공수병, 신증후군출혈열, 후천성면역결핍증(AIDS), 크로이츠펠트-야콥병(CJD) 및 변종크로이츠펠트-야콥병(vCJD), 황열, 뎅기열, 큐열, 웨스트나일열, 라임병, 진드기매개뇌염, 유비저, 치쿤구니야열, 중증열성혈소판감소증후군(SFTS), 지카바이러스감염증, 엠폭스(Mpox), 매독
제4급 감염병	제1급 감염병부터 제3급 감염병까지의 감염병 외에 유행 여부를 조사하기 위해 표본 감시 활동이 필요한 감염병이다.	코로나바이러스감염증-19, 매독, 회충증, 편충증, 요충증, 간흡충증, 폐흡충증, 장흡충증, 수족구병, 임질, 클라미디아감염증, 연성하감, 성기단순포진, 첨규콘딜롬, 사람유두종바이러스감염증, 반코마이신내성장알균(VRE)감염증, 메티실린내성황색포도알균(MRSA)감염증, 다제내성녹농균(MRPA)감염증, 다제내성아시네토박터바우마니균(MRAB)감염증, 장관감염증, 급성호흡기감염증, 해외유입기생충감염증, 엔테로바이러스감염증

③ 인체 침입구에 따른 분류

구분	내용	종류
호흡기계 침입	기침이나 대화를 통해 전파되어 감염된다.	디프테리아, 성홍열, 홍역, 백일해, 유행성이하선염, 인플루엔자 등
소화기계 침입 (경구감염)	• 음식물, 손, 물, 곤충, 쥐 등으로 인해 세균이 입을 통해 침입하여 감염된다. • 물을 끓여 먹고, 식품위생을 철저히 관리하여 예방할 수 있다.	식중독, 콜레라, 장티푸스, 파라티푸스, 폴리오(소아마비), 세균성이질, 아메바성이질, 유행성간염
경피 침입	상처나 신체 일부의 접촉을 통해 전파되어 감염된다.	매독, 한센병(나병), 파상풍, 탄저 등

④ 수인성 감염병의 특징

- 음용수 사용 지역과 유행 지역이 일치한다.
- 남녀노소 상관없이 환자가 폭발적으로 발생한다.
- 2차 감염률, 치명률이 낮다.

⑤ 인수공통감염병

- 정의: 사람과 동물이 같은 병원체에 의해 발생하는 질병으로, 인수공통감염병에 감염된 축산물의 섭취로 감염될 수 있다.
- 종류

탄저	소, 양, 낙타 등의 동물에서 발생되며, 농·축산업 종사자, 농부, 도살업자, 피혁업자, 양모 취급자 등에게 발생한다.
결핵	오염된 우유, 유제품 등을 통해 감염되며, BCG 접종 및 우유를 살균 섭취하여 예방할 수 있다.
공수병	개에 물려 감염된다.
큐열	소, 양, 염소, 개, 고양이 등의 감염된 동물의 생우유나 조직, 배설물의 접촉을 통해 감염된다.
파상열(브루셀라증)	소, 양, 염소, 돼지 등에서 감염되며, 동물에게는 유산을 일으키고, 사람에게는 열병을 일으킨다.
원충	아메바성 이질 등

⑥ 위생동물에 의한 감염병

쥐	유행성출혈열, 페스트, 발진열, 서교증, 이질, 쯔쯔가무시증, 살모넬라 식중독 등
파리	이질, 콜레라, 장티푸스, 디프테리아, 결핵, 파라티푸스, 십이지장충, 회충, 요충, 편충 등
모기	말라리아, 일본뇌염, 뎅기열, 황열 등
바퀴벌레	이질, 콜레라, 장티푸스, 페스트, 소아마비, 민촌충, 회충 등
진드기	유행성출혈열, 양충병, 재귀열, 쯔쯔가무시증 등
벼룩	발진열, 재귀열, 페스트

4. 주요 감염병의 증상

장티푸스	• 우리나라에서 가장 많이 발생하는 급성 감염증이다. • 오한, 두통, 복통, 구토 증상과 40℃ 전후의 고열 증상이 나타난다.
파라티푸스	장티푸스와 감염 매개체가 같고 증상이 유사하다.
콜레라	• 비브리오 콜레라균에 의해 전염되며, 항생제를 투여하면 완치가 가능하다. • 설사, 구토, 갈증, 체온 저하 등의 증상이 나타난다. • 항구나 항만의 검역을 철저히 하여 예방할 수 있다.
세균성이질	• 비위생적인 시설 및 환경(오염된 물, 식품, 파리 등)에서 발생한다. • 오한, 발열, 구토, 설사, 복통 등의 증상이 나타난다.

디프테리아	• 환자 및 보균자의 분비물에 의한 비말감염이다. • 편도선, 발열, 심장 장애, 호흡 곤란 등의 증상이 나타난다.
성홍열	• 환자나 보균자와 접촉, 분비물, 오염된 식품에 접촉하여 감염된다. • 발열, 두통, 인후통, 발진 등의 증상이 나타난다.
유행성 간염	• 감염 환자의 분변의 배설로 오염된 물이나 음식 등의 섭취로 인해 발생한다. • 발열, 식욕 감퇴, 구토, 황달, 식욕 부진의 증상이 나타난다.

5. 감염병의 예방 대책

① 감염병 발생의 3요소 제거

감염원	• 환자는 조기 발견하고 병원 및 보건소에 알린다. • 감염원을 격리, 치료하여 감염병의 전파를 막아야 한다. • 건강보균자 조사를 실시한다(감염병 관리상 중요함). • 감염원은 감염병의 병원체를 내포하고 있어 감수성 숙주에게 병원체를 전파할 수 있는 원인이 된다.
감염 경로	• 감염 경로가 되는 요인을 점검 및 제거하고 오염되었거나 의심되는 식품을 폐기한다. • 해충이나 동물의 접근을 막기 위해 설비를 보충하고 소독한다.
숙주의 감수성	• 개인의 면역력을 증강시키고 건강 상태를 유지한다(피로 누적, 성인병 등에 유의할 것). • 질병에 맞는 예방접종을 실시한다.

합격보장 꿀팁 감염병 발생의 3대 요소

• 감염원: 병원체
• 감염 경로: 전파 방식, 환경
• 숙주의 감수성: 개인 면역에 대한 저항성

② 살균, 소독
  • 물리적 방법

자외선 살균법	• 2,500~2,800 Å 파장의 자외선을 이용한 살균법이다. • 살균 효과가 크지만 표면에 한정된다. • 모든 균에 효과가 있다.
방사선 살균법	• 식품에 방사선을 쬐어 균을 제거한다. • 침투성이 커서 포장된 상태의 식품에도 사용할 수 있다. • 사용 방법이 복잡하고 비싸다.
일광 소독법	• 일광에 포함된 자외선의 살균력을 이용하는 방법이다(결핵균 살균). • 침구, 의류, 도서, 카펫 등의 소독에 사용한다.
세균 여과법	• 미생물이 통과하지 못하는 여과기에 액체로 된 식품을 통과시켜 세균을 제거한다. • 세균보다 작은 바이러스는 제거하지 못한다(불완전).
유통 증기 멸균법	• 냄비, 찜기 등과 같이 뚜껑이 있는 용기에 물을 넣고 끓여 올라오는 증기로 살균하는 방법이다. • 조리도구 등 작은 기기 소독에 사용한다.
간헐 멸균법	• 하루 1회, 100℃ 정도로 30분간 가열하여 총 3일에 걸쳐 진행하는 살균 방법이다. • 미생물의 아포까지 멸균 가능하다.
열탕 소독법 (자비 멸균법)	• 100℃로 끓는 물에 15~20분간 가열 살균하는 방법이다. • 식기류, 행주 등의 소독에 사용한다.
건열 멸균법	150~160℃ 정도의 높은 온도에서 30~60분간 멸균하는 방법이다.

- 저온 살균법: 61~65℃에서 30분 가열
- 고온단시간 살균법: 70~75℃에서 15~30초 가열
- 초고온순간 살균법: 130~140℃에서 1~2초간 살균

- 화학적 방법

염소	• 주로 상수도 소독에 사용한다(잔류 염소량: 0.2ppm). • 피부 자극성과 금속 부식성이 있다.
차아염소산나트륨 (NaOCl)	• 물에 희석(50~100ppm)하여 채소, 과일, 음료수, 식기, 조리도구 등의 소독에 사용한다. • 주로 락스라고 부른다.
석탄산(3%)	• 변소, 하수도, 진개 등의 오물 소독에 사용한다. • 살균력이 안정적이고, 유기물이 있어도 살균력이 유지된다는 장점이 있지만, 피부 자극성과 금속 부식성이 있다. • 살균력의 기준으로 삼는 소독 물질로 소독약은 석탄산 계수가 높아야 한다.
역성비누 (양성비누)	• 손 소독은 10% 용액을 200~400배로 희석, 과일, 채소, 식기는 0.01~0.1%로 희석하여 사용한다. • 보통 비누와 섞어 사용하면 살균력이 떨어진다. • 가용성이며 자극성, 부식성, 냄새가 없다.
과산화수소(3%)	자극성이 적어 피부나 입 안의 상처 소독에 사용한다.
에틸알코올(70%)	• 유리나 금속 등의 기구, 손, 피부 등의 소독에 사용한다. • 유기물과 공존 시 살균력이 감소한다.
승홍(0.1%)	부식성이 있어 금속이 아닌 곳(피부 등)의 소독에 사용한다.
크레졸(3%)	• 오물, 손 소독에 사용한다. • 석탄산보다 2배 정도 소독력이 강하지만 독한 냄새가 난다.
생석회	• 오물, 화장실, 하수도, 쓰레기통 등 습기가 많은 곳에 물을 뿌린 후 살포하거나 땅에 직접 뿌려 사용한다. • 값이 저렴하고 구하기 쉽지만, 공기에 노출 시 살균력이 떨어진다.
포름알데히드	• 포르말린 1~1.5%의 수용액이다. • 건물 내 소독이나 가죽, 나무 등의 소독에 사용한다.

- 살균: 미생물에 열을 이용한 물리적인 방법이나 약품에 의한 화학적 방법을 가해 짧은 시간 내에 모든 미생물을 제거하는 것
- 소독: 병원균에 열을 이용한 물리적인 방법 또는 약품에 의한 화학적 방법을 가해 전염 방지를 위해 병원균만 제거하는 것
- 멸균: 모든 미생물의 아포까지 완전히 사멸시켜 무균 상태로 만드는 것
- 방부: 세균의 증식 및 성장을 억제시키는 것

04 식중독의 원인과 예방 대책

1. 식중독의 정의
① 식품 섭취로 인해 인체에 발생하는 감염형 또는 독소형 질환을 뜻한다.
② 원인 물질에 따라 세균성, 화학성, 자연독 식중독 등으로 분류된다.

2. 식중독의 분류
① 세균성 식중독
- 예방법
  - 식품을 저온에서 저장한다.

- 신선한 재료를 사용한다.
- 위생곤충을 구제한다.
- 조리 장소, 기구 등을 청결하게 관리한다.
- 해동된 식품은 다시 냉동하지 않는다(재냉동 보관 시 세균성 미생물에 오염될 수 있음).

• 종류

감염형	살모넬라 식중독	• 원인균: 그람음성균, 통성혐기성균, 무포자 간균, 쥐, 파리에 의한 식품 오염 • 원인 식품: 어패류, 난류, 우유, 채소, 샐러드, 식육 및 가공품 • 증상: 38~40℃의 고열, 복통, 설사 • 예방책: 62~65℃에서 20분간 가열, 조리도구 청결 유지, 저온에서 보존
	장염비브리오 식중독	• 원인균: 3~5% 식염 농도에서 생육하는 호염성 세균, 통성혐기성균, 아포가 없는 간균, 그람음성균 • 원인 식품: 어패류, 생선회, 초밥, 조리도구 등을 통한 2차 감염(7~9월 집중 발생) • 증상: 설사, 두통, 복통 • 예방책: 여름철 어패류 생식 주의, 60℃에서 15분 가열, 조리도구 청결 관리
	병원성 대장균 식중독	• 원인균: 물, 흙 속에 존재, 분변 오염 지표균, 그람음성균, 간균, 호기성 또는 통성혐기성균 • 원인 식품: 우유, 가정에서 만든 마요네즈 • 증상: 장염, 두통, 복통, 설사, 발열 • 예방책: 위생적인 동물의 분변 처리, 식품과 물의 가열 섭취
독소형	황색포도상구균 식중독	• 독소: 엔테로톡신(장내 독소, 80℃에서 30분간 가열해도 파괴되지 않음) • 원인 식품: 떡, 빵, 도시락, 김밥 등 • 잠복기: 평균 3시간 • 증상: 급성 위장염, 구토, 설사, 심한 복통 • 예방책: 화농성질환자의 식품 조리 및 가공 금지
	클로스트리디움 보툴리눔균 식중독	• 독소: 뉴로톡신(신경독소, 80℃에서 30분간 가열 시 파괴됨) • 아포는 열에 강하므로 120℃에서 20분 이상 가열함 • 원인 식품: 햄, 소시지, 병조림, 통조림 식품 • 잠복기: 12~36시간 • 증상: 신경 마비, 시력 저하, 동공 확대, 청각 마비, 언어 장애, 높은 치사율(50%) • 예방책: 음식물 가열 처리, 철저한 통조림 살균
	바실루스 세레우스 식중독	• 독소: 장독소 • 내열성 아포를 생성하는 그람양성 막대균이자 통성혐기성균임 • 원인 식품: 밥, 볶음밥, 가공식품 등 오염된 음식 • 증상: 복통, 구토, 설사 • 예방책: 충분히 익히기, 끓인 물 마시기, 올바른 손 씻기

합격보장 꿀팁 O-157:H7

장출혈성대장균(EHEC)의 일종으로, 덜 익힌 햄버거 패티에서 발견되어 햄버거병이라고 불리며, 베로톡신을 생산한다.

합격보장 꿀팁 경구감염병과 세균성 식중독의 비교

구분	경구감염병(소화기계 감염병)	세균성 식중독
원인	오염된 식품 및 물의 섭취	오염된 식품의 섭취
균의 양	소량	대량
2차 감염	적은 편	거의 없음
잠복기	세균성 식중독에 비해 긺	짧음
독성	강함	약함
면역성	있음	없음
예방법	대부분 불가능 (예방접종이 있는 감염병은 제외)	식품 중 균의 증식을 억제하여 예방함

② 화학성 식중독
- 정의: 유독성 화학 물질(유해성 식품첨가물, PCB(폴리염화바이페닐), 수은, 비소, 중금속, 농약 등)에 오염된 식품을 섭취하여 일으키는 식중독이다.
- 종류

유해성 착색료	• 아우라민(황색): 단무지, 카레가루 등에 함유되어 있다. • 로다민(분홍색): 어묵, 과자, 토마토케첩 등에 함유되어 있으며, 구토, 설사, 복통 등의 증상이 나타난다. • 파라니트로아닐린(황색): 청색증, 두통 등의 증상이 나타난다. • 실크스칼렛(적색): 대구 알젓 등에 사용하며, 구토, 복통, 마비 등의 증상이 나타난다.
유해성 감미료	• 둘신: 설탕의 250배 감미도 • 사이클라메이트: 설탕의 30∼50배 감미도 • 에틸렌글리콜: 무색 액체, 신경 장애, 호흡 곤란 • 파라니트로올소톨루이딘: 설탕의 200배 감미도 • 페릴라틴: 설탕의 2,000배 감미도
유해성 표백제	• 롱가리트: 물엿, 연근 등 • 삼염화질소: 밀가루 • 형광염료: 국수, 어육 제품 등 • 과산화수소: 어묵, 국수 등 • 아황산염: 도라지, 연근 등
유해성 보존료	• 불소화합물: 육류, 알코올 음료 등에 사용하며, 반상치 생성, 골연화 등의 증상이 나타난다. • 승홍: 주류 등에 사용한다. • 붕산: 햄, 베이컨 등에 사용한다. • 포름알데히드: 주류, 장류, 육류 등에 사용하며 세균의 발육을 억제시킨다. • 베타−나프톨: 간장 등에 사용하며, 신장 장애, 단백뇨의 증상이 나타난다. • 살리실산: 현재 사용 금지인 보존료이다.

③ 자연독 식중독
- 동물성

테트로도톡신(tetrodotoxin)	복어
삭시톡신(saxitoxin)	섭조개(홍합), 대합조개
베네루핀(venerupin)	모시조개, 바지락, 굴

- 식물성

솔라닌(solanine)	감자의 초록색 싹
셉신(sepsin)	감자의 썩은 부위
무스카린(muscarine)	광대버섯
아마니타톡신(amanitatoxin)	알광대버섯
고시폴(gossypol)	목화씨, 면실유
리신(ricin)	피마자
아미그달린(amygdalin)	청매
듀린(dhurrin)	수수
리나마린(linamarin)	아마, 카사바, 리마콩
테무린(temuline)	독보리
시큐톡신(cicutoxin)	독미나리
프타퀼로사이드(ptaquiloside)	고사리

④ 알레르기성 식중독
- 원인균: 모르가넬라 모르가니로 단백질인 히스티딘이 히스타민으로 변환하여 알레르기를 유발한다.
- 원인 식품: 고등어, 꽁치, 정어리 등 붉은살 생선

⑤ 바이러스성 식중독

노로바이러스	• 늦가을~이듬해 봄까지 발생하며 주로 겨울철에 발생한다. • 사람의 분변에 의해 오염된 물, 식품 등에서 발생되며, 감염된 사람의 입으로 전파된다. • 24~48시간 잠복 후 구토, 설사, 복통이 갑자기 나타난다. • 실내 환기를 자주하고, 손 씻기 등의 개인위생을 철저히 한다.
로타바이러스	• 겨울철에 주로 발생한다. • 생후 2~3개월 된 영유아에게 장염을 일으킨다. • 환경을 청결히 하고 사람이 많은 곳을 피해야 한다.

⑥ 곰팡이독 식중독
- 곰팡이독의 특징: 고온다습한 환경, 곡류에서 많이 발생하며, 계절과 밀접한 관련이 있다.
- 종류

황변미 중독	• 시트리닌(citrinin): 쌀, 신장독 • 시트레오비리딘(citreoviridin): 쌀, 신경독 • 아이슬란디톡신(islanditoxin): 간장독
아플라톡신(aflatoxin)	간암 유발, 땅콩, 곡류, 메주, 간장, 된장
에르고톡신(ergotoxine), 에르고타민(ergotamine)	맥각독, 보리, 밀, 호밀

합격보장 꿀팁　황변미

- 독소를 생산하는 곰팡이에 오염된 황색 쌀이다.
- 수분 함량이 15% 이상 되는 조건에서 쌀을 저장할 때 자주 발생한다.
- 저장미나 동남아시아산 쌀에서 자주 발생한다.

⑦ 중금속 식중독

수은(Hg)	• 원인: 수은으로 오염된 어패류 섭취 • 증상: 미나마타병(지각 마비), 구토, 복통, 신장 장애, 경련 등
카드뮴(Cd)	• 원인: 중독성이 강한 중금속, 카드뮴을 사용한 도자기, 도금, 폐수로 오염된 식수, 어패류, 농산물 • 증상: 이타이이타이병(신장 장애, 골연화), 메스꺼움, 구토, 설사, 복통
납(Pb)	• 원인: 독성이 강한 중금속 농약, 안료, 통조림의 납땜, 납 성분이 들어 있는 수도관 등 • 증상: 적혈구 혈색소 감소, 피로, 체중 감소, 마비, 빈혈, 시력 장애 등
비소(As)	• 원인: 방부제, 살충제 등에 사용된 비소화합물 섭취, 화학공업 종사 • 증상: 급성(구토, 경련, 위장 장애 증상), 만성(피부질환 등)
주석(Sn)	• 원인: 주석 성분이 포함(주석도금)된 통조림 음식 섭취 • 증상: 급성 위장염
구리(Cu)	• 원인: 놋그릇 등 구리로 만든 조리도구의 녹청 • 증상: 오심, 구토, 설사, 위통
아연(Zn)	• 원인: 캔에 담긴 음료수에 녹아내린 아연의 흡수 • 증상: 오한, 열

⑧ 발암성 물질

구분	원인	증상
형광표백제	영수증, 냅킨, 포장지 등	폐암
포르말린	플라스틱 제품	다발성 암
니트로소아민	아질산염(발색제), 태운 고기 식품의 아민과 반응하여 생성	위암, 간암 등
벤조피렌	태운 고기, 훈제육	위암 등
메탄올	정제가 덜 된 증류주	실명, 시신경 손상 등
다이옥신	석탄, 석유를 사용하는 발전소	기형아 출산

3. 기생충의 종류와 예방법

① 채소류에서 감염되는 기생충

요충	• 맹장에 기생, 경구감염, 항문 주위에서 서식, 집단 감염 • 예방법: 올바른 손 씻기, 자외선 소독, 구성원 모두 한꺼번에 구충제 복용
회충	• 경구감염, 인분을 비료로 사용하여 발생함 • 예방법: 인분을 비료로 사용하지 않고 청정 재배
구충 (십이지장충)	• 종류에 따라 입이나 피부로 감염 • 예방법: 인분의 위생적 처리, 깨끗한 채소 세척
동양모양선충	• 경구감염, 경피(피부)감염 • 예방법: 인분의 위생적 처리, 깨끗한 채소 세척
편충	• 맹장에 기생, 경구감염 • 예방법: 인분의 위생적 처리, 올바른 손 씻기, 깨끗한 채소 세척

② 육류에서 감염되는 기생충

무구조충(민촌충)	• 경구감염, 인분으로 오염된 풀을 먹은 소로 인한 감염 • 예방법: 소고기의 날것 섭취 금지
유구조충(갈고리촌충)	• 경구감염, 돼지고기를 날것으로 섭취하여 감염 • 예방법: 인분의 위생적 처리, 돼지고기의 날것 섭취 금지
선모충	• 경구감염, 쥐를 통해 감염 • 예방법: 쥐를 퇴치하고, 돼지고기의 날것 섭취 금지

③ 어패류에서 감염되는 기생충

간디스토마	• 제1중간숙주 왜우렁이 – 제2중간숙주 민물고기(잉어, 참붕어, 붕어 등) • 예방법: 민물고기를 생으로 섭취 금지
폐디스토마	• 제1중간숙주 다슬기 – 제2중간숙주 참게, 참가재 등 • 예방법: 참게나 참가재를 생으로 섭취 금지
유극악구충	• 제1중간숙주 물벼룩 – 제2중간숙주 담수어(미꾸라지, 송사리, 가물치, 뱀장어 등) • 예방법: 담수어를 생으로 섭취 금지, 물 끓여 마시기
요코가와흡충	• 제1중간숙주 다슬기 – 제2중간숙주 민물고기(은어, 황어 등) • 예방법: 민물고기를 생으로 섭취 금지
광절열두조충 (긴촌충)	• 제1중간숙주 물벼룩 – 제2중간숙주 담수어(농어, 연어, 숭어 등) • 예방법: 담수어를 생으로 섭취 금지
아니사키스	• 고래, 돌고래, 물개 등 바다의 포유류에 기생하는 회충(고래회충) • 예방법: 고등어, 청어, 오징어 등 해산물을 생으로 섭취 금지(60℃ 이상에서 1분 이상 가열 섭취), −20℃ 이하에서 24시간 냉동

1. 식품첨가물의 정의
식품을 제조·보존하는 데 있어 착색, 표백, 감미, 산화 방지 등을 목적으로 사용하는 물질을 말한다.

2. 식품첨가물의 조건
① 식품에 나쁜 영향을 주지 않을 것
② 미량 사용하였을 때 효과가 나타날 것
③ 상품의 가치를 향상시킬 것
④ 사용 방법이 간편하고 가격이 경제적일 것
⑤ 식품 성분 등에 의해 그 첨가물을 확인할 수 있을 것
⑥ 독성이 없거나 장기적으로 사용해도 인체에 무해할 것

3. 식품첨가물의 사용 목적
① 기호성 증진 및 관능의 만족
② 품질 유지 및 개량
③ 식품의 변질, 부패 방지, 영양 강화

4. 식품첨가물의 종류

보존료	• 미생물의 증식을 억제하여 식품의 영양가와 신선도를 보존하기 위한 목적으로 사용한다. • 데히드로초산: 버터, 치즈, 마가린 등 • 프로피온산나트륨, 프로피온산칼슘: 빵, 과자, 케이크 • 안식향산나트륨: 청량음료, 간장, 채소류 등 • 소르빈산: 식육, 어육연제품
살균제	• 식품 내 부패 원인균을 단시간에 사멸시키기 위한 목적으로 사용한다. • 종류: 차아염소산나트륨, 고도표백분, 과산화수소
산화방지제	에리소르빈산, BHT(디부틸히드록시톨루엔), BHA(부틸히드록시아니솔), 몰식자산프로필, 비타민 C, 아스코르빈산나트륨, 비타민 E
발색제	• 식품 중의 색소 단백질과 반응하여 식품의 색을 안정시키고 선명하게 하기 위해 사용한다. • 육류 발색제: 아질산나트륨, 질산나트륨, 질산칼륨 • 식물 발색제: 황산제1철, 황산제2철
표백제	• 식품 제조 중 식품의 갈변, 착색의 변화를 억제하기 위해 사용한다. • 산화형 표백제: 과산화수소, 차아염소산나트륨 • 환원형 표백제: 메타중아황산칼륨, 아황산나트륨, 산성아황산나트륨, 차아황산나트륨
감미료	• 식품에 단맛을 주고 식욕을 돋우기 위해 사용한다. • 종류: 사카린, 글리실리진산나트륨, D-소르비톨, 아스파탐, 글리신
소포제	• 식품 제조 시 생성된 거품을 제거하기 위해 사용한다. • 종류: 규소수지
밀가루 개량제	• 밀가루의 표백과 숙성 시간을 단축시키고 밀가루 식품의 질적 저하를 방지한다. • 종류: 과황산암모늄, 이산화염소, 브롬산칼륨, 과산화벤조일
피막제	• 과일이나 채소류의 표면에 피막을 형성하여 호흡 및 수분 증발을 막아 저장성을 증대시키기 위해 사용한다. • 종류: 초산비닐수지, 몰포린지방산염
유화제 (계면활성제)	• 잘 섞이지 않는 두 종류의 액체를 혼합·분산시켜 분리되지 않게 하기 위해 사용한다. • 종류: 난황(레시틴), 대두인지질, 지방산에스테르
이형제	• 빵의 제조 시 반죽이 분할기로부터 잘 분리되고, 빵틀로부터 빵의 형태를 유지하면서 분리하기 위해 사용한다. • 종류: 유동파라핀

02 작업환경 위생관리

01 공정별 위해요소 관리 및 예방

1. 식품안전관리인증기준(HACCP)

원재료 생산에서부터 소비자가 최종 소비할 때까지 모든 단계에서 발생할 수 있는 위해요소를 분석·평가하고, 이에 대한 방지·대책을 마련하여 계획적으로 감시·관리함으로써 식품의 안전성과 건전성을 확보하기 위한 위생관리 체계이다.

> HACCP = HA(위해요소) + CCP(중요관리점)

① HA(위해요소)
- 화학적 위해요소: 중금속과 잔류 농약, 사용이 금지된 식품첨가물 등
- 생물학적 위해요소: 대장균, 식중독균, 바이러스, 기생충 등
- 물리적 위해요소: 인체를 손상시킬 수 있는 금속, 유리, 돌 등

② CCP(중요관리점)
- 위해요소를 방지하거나 제거하여 안전성을 확보할 수 있는 단계나 절차이다.
- 장소, 위해요소 조치 방법 및 공정을 의미한다.

> **합격보장 꿀팁** · HACCP의 도입 효과
>
> - 자주적 위생관리 체계의 구축
> - 위생관리 집중화
> - 효율성 도모
> - 경제적 이익 창출

2. HACCP 7원칙 12절차

① 준비 단계 5절차

HACCP 팀 구성	HACCP 팀장, 팀원, 위원회, 중요관리점(CCP) 모니터링 담당자, 해당 공정 현장 종사자로 팀을 구성한다.
제품설명서 작성	해당 제품의 안전성 관련 특성을 알리기 위해 작성한다.
제품의 용도 확인	해당 식품의 의도된 사용 방법 및 대상 소비자를 파악한다.
공정흐름도 작성	원료의 입고에서부터 완제품 출하까지 모든 공정 단계를 파악하여 공정흐름도를 작성하고, 각 공정별 주요 가공 조건의 개요를 기재한다.
공정흐름도 현장 확인	작성한 공정흐름도가 실제 현장에서의 작업 공정과 일치하는지를 검증한다.

② 기본 단계 7원칙

위해요소(HA) 분석	위해가 발생하는 단계를 파악한다.
중요관리점(CCP) 결정	식품의 위해요소를 미연에 방지하거나 일정한 허용 기준 이하로 줄여 식품의 안전성을 확보할 수 있는 단계나 공정을 말한다.
한계관리기준(CL) 설정	예방책을 시행하기 위한 한계관리기준을 설정한다.

모니터링 체계 확립	• 모니터링 방법을 설정한다. • 위해요소 관리 여부를 점검하기 위해 실시하는 관찰·측정 수단이다.
개선 조치 방법 수립	설정된 관리기준을 벗어났을 경우 개선 조치를 설정한다.
검증 절차 및 방법 수립	HACCP 시스템이 잘 이행되고 있는지 검증 및 확인하는 단계이다.
문서화, 기록 유지 방법 설정	• 모든 단계에 대한 문서화 방법이 포함되어야 하고, 기록 절차를 수립한다. • HACCP 적용업소의 기준에 따라 관리되는 사항에 대한 기록을 최소 2년간 보관한다.

02 작업환경 위생관리

1. 작업장의 위생관리

① 바닥 부분은 배수의 흐름으로 인한 교차오염이 없어야 하고, 파손, 구멍, 침하된 곳이 없어야 한다.

② 내벽 부분은 파손, 구멍 등이 없어야 하고 물이 새지 않으며 배관, 환기구 등의 연결 부위가 밀폐되어 있어야 한다.

③ 가동 장치와 벽 사이의 복도 또는 작업 장소는 작업자들이 원활하게 작업하고 오염되지 않도록 적당한 폭을 유지한다.

④ 문과 창문에는 유리의 파손이나 틈, 금이 간 곳이 없어야 하며, 유리 파손에 의한 오염을 방지하기 위해 코팅 처리를 한다.

⑤ 조명에는 형광등 파손에 의한 유리조각의 비산을 막기 위해 보호 커버를 설치한다.

⑥ 작업장의 환기 상태와 급·배기시설의 관리 상태가 양호해야 한다.

⑦ 구역별 공기 흐름 상태가 적합해야 한다.

⑧ 작업장 배관 부분은 배관의 용도별로 구분되며, 배관 및 패킹의 재질이 적절하고, 파손으로 인해 제품이 오염되지 않도록 한다.

> **합격보장 꿀팁** 주방을 환기시켜야 하는 이유
>
> • 열기 제거
> • 수증기 제거
> • 냄새 제거

2. 작업장의 환경관리

① 작업장 온도는 20℃ 정도를 유지한다.

② 습도는 40~60%를 유지한다.

③ 조리장의 조도는 검수장 540Lux 이상, 작업장 220Lux 이상, 기타 지역 110Lux 이상으로 유지한다.

03 안전관리

01 개인 안전점검

1. 위험도 경감의 원칙
① 목적: 사고 발생의 예방, 피해 심각도 억제
② 핵심 요소: 위험요인 제거, 위험 발생 경감, 사고 피해 경감
③ 고려사항: 사람, 절차, 장비의 3가지 시스템 구성 요소

2. 개인 안전관리 점검표 내용

사람(Man)	• 심리적 원인: 망각, 무의식 행동, 위험 감각, 잘못된 판단, 착오 등 • 생리적 원인: 피로, 수면 부족, 신체 기능, 알코올, 질병, 나이 등 • 사회적 원인: 직장 내 인간관계, 리더십, 팀워크, 커뮤니케이션 등
기계(Machine)	• 기계 설비 설계상의 결함 • 안전하지 않은 설계 • 표준화의 부족 • 점검, 정비의 부족
매체(Media)	• 작업 자세, 작업 동작의 결함 • 부적절한 작업 방법 • 불량한 작업 공간 및 작업 환경 조건
관리 (Management)	• 관리 조직의 결함 규정 • 매뉴얼의 불이행 • 안전관리 계획의 불량 • 교육훈련의 지도 · 관리 부족 • 불충분한 적성 배치 • 불량한 건강 관리

> **🏠 합격보장 꿀팁** | **매일 점검하고 기록 · 관리해야 하는 사항**
>
> 개인 안전관리를 위하여 안전관리 점검표에 따라 점검일자, 점검자, 승인자, 제조공정별 개인 안전관리 상태, 개선 조치 사항, 특이사항 등을 매일 점검하고 기록 · 관리해야 한다.

3. 개인 안전 관련 재해 유형

절단, 베임, 찔림	• 주방 내에서 가장 많이 발생하는 사고이다. • 올바른 조리기구의 사용법을 익히고, 작업대를 정리정돈한다.
화상, 데임	스팀, 오븐, 가스 등에 의해 발생하는 사고이다.
끼임	• 물건을 옮기다가 신체 일부가 기구에 끼거나 치이는 사고이다. • 작업복의 불량으로 인해 많이 발생한다.
넘어짐	바닥 등이 미끄럽거나 주변의 물체 등에 의해 발이 걸려 넘어지는 사고이다.

02 도구 및 장비류의 안전점검

1. 도구 및 장비류 관리의 원칙

① 도구 및 장비류는 사용 방법과 기능을 충분히 숙지하고 정확하게 사용한다.

② 장비의 사용 용도 이외에는 사용하지 않는다.

③ 도구 및 장비류에 무리가 가지 않도록 유의한다.

④ 도구 및 장비류에 이상이 있을 경우에는 즉시 적절한 조치를 취한다.

⑤ 전기를 사용하는 장비나 도구의 경우 사용량과 사용법을 충분히 숙지하고 정확하게 사용한다.

2. 도구 및 장비류의 선택 및 사용 기준

① 필요성: 장비가 정해진 작업을 위한 것인지, 질을 개선시킬 수 있는지 등을 파악한다.

② 성능: 조작의 용이성, 분해, 조립, 청소의 용이성, 간편성, 사용 기간에 부합되는 비용인지를 고려한다.

③ 요구에 따른 만족도: 투자에 따른 장비의 성능이 효율적인지를 확인한다.

④ 안전성과 위생: 공인된 기구가 인정하는 안전성과 효과성을 확보한 장비를 선택하여 사용한다.

3. 사고 예방법

칼(조리용)	• 사용이 끝나거나 운반할 때에는 칼집에 넣는다. • 칼의 방향은 몸의 반대쪽으로 한다.
절단기, 분쇄기	• 재료를 넣을 때에는 손으로 직접 넣지 않도록 한다. • 작업 전에 칼날의 상태와 이물질 등이 없는지 확인한다.
가스레인지	• 가스레인지 주변의 작업 공간을 충분히 확보한다. • 가스관은 작업에 지장을 주지 않는 곳에 설치한다. • 가스레인지 사용 후 즉시 밸브를 잠근다.

04 식품위생법 관련 법규 및 규정

01 식품위생법

1. 식품위생법의 목적(「식품위생법」 제1조)

식품으로 인하여 생기는 위생상의 위해를 방지하고 식품영양의 질적 향상을 도모하며 식품에 관한 올바른 정보를 제공함으로써 국민 건강의 보호·증진에 이바지함을 목적으로 한다.

2. 식품위생법 용어의 정의(「식품위생법」 제2조)

식품	모든 음식물(의약으로 섭취하는 것 제외)
식품첨가물	식품을 제조·가공·조리 또는 보존하는 과정에서 감미, 착색, 표백 또는 산화 방지 등을 목적으로 식품에 사용되는 물질(기구·용기·포장을 살균·소독하는 데 사용되어 간접적으로 식품으로 옮아갈 수 있는 물질도 포함)
화학적 합성품	화학적 수단으로 원소 또는 화합물에 분해 반응 외의 화학 반응을 일으켜서 얻은 물질
기구	• 음식을 먹을 때 사용하거나 담는 것 • 식품 또는 식품첨가물을 채취·제조·가공·조리·저장·소분·운반·진열할 때 사용하는 것
용기·포장	식품 또는 식품첨가물을 넣거나 싸는 것으로서 식품 또는 식품첨가물을 주고받을 때 함께 건네는 물품
공유주방	식품의 제조·가공·조리·저장·소분·운반에 필요한 시설 또는 기계·기구 등을 여러 영업자가 함께 사용하거나 동일한 영업자가 여러 종류의 영업에 사용할 수 있는 시설 또는 기계·기구 등이 갖춰진 장소
위해	식품, 식품첨가물, 기구 또는 용기·포장에 존재하는 위험요소로서 인체의 건강을 해치거나 해칠 우려가 있는 것
영업	식품 또는 식품첨가물을 채취·제조·가공·조리·저장·소분·운반 또는 판매하거나 기구 또는 용기·포장을 제조·운반·판매하는 업(농업, 수산업에 속하는 식품 채취업은 제외)을 말하며 이 경우 공유주방을 운영하는 업과 공유주방에서 식품제조업 등을 영위하는 업을 포함함
식품위생	식품, 식품첨가물, 기구 또는 용기·포장을 대상으로 하는 음식에 관한 위생
집단급식소	영리를 목적으로 하지 아니하면서 특정 다수인에게 계속하여 음식물을 공급하는 기숙사, 학교, 유치원, 어린이집, 병원, 사회복지시설, 산업체, 국가, 지방자치단체 및 공공기관, 그 밖의 후생기관 등에 해당하는 시설
식품이력추적관리	식품을 제조·가공단계부터 판매단계까지 각 단계별로 정보를 기록·관리하여 그 식품의 안전성 등에 문제가 발생할 경우 그 식품을 추적하여 원인을 규명하고 필요한 조치를 할 수 있도록 관리하는 것
식중독	식품 섭취로 인하여 인체에 유해한 미생물 또는 유독 물질에 의하여 발생하였거나 발생한 것으로 판단되는 감염성 질환 또는 독소형 질환
집단급식소에서의 식단	급식대상 집단의 영양섭취기준에 따라 음식명, 식재료, 영양 성분, 조리방법, 조리인력 등을 고려하여 작성한 급식 계획서

🏛 합격보장 꿀팁 | 식품위생 관련 행정기구

- 식품의약안전처: 「식품위생법」에 그 기초를 두고 식품의약품 의료기기, 화장품, 의약외품, 위생용품, 마약 등의 안전에 관한 사무를 포함한 식품위생 행정업무를 담당
- 질병관리청: 연구, 종사자의 교육, 새로운 백신 개발
- 보건소: 건강 진단, 위생 강습, 식중독 발생 시 역학 조사
- 특별시, 광역시, 시청, 군청 보건위생과: 식품위생감시원 배치
- 보건환경연구원: 식품의 위생 검사

02 기구와 용기·포장

1. 유독기구 등의 판매·사용 금지(「식품위생법」 제8조)

유독·유해 물질이 들어 있거나 묻어 있어 인체의 건강을 해칠 우려가 있는 기구 및 용기·포장과 식품 또는 식품 첨가물에 직접 닿으면 해로운 영향을 끼쳐 인체의 건강을 해칠 우려가 있는 기구 및 용기·포장을 판매하거나 판매할 목적으로 제조·수입·저장·운반·진열하거나 영업에 사용하여서는 아니 된다.

2. 기구 및 용기·포장에 관한 기준 및 규격(「식품위생법」 제9조)

① 식품의약품안전처장은 국민보건을 위하여 필요한 경우에는 판매하거나 영업에 사용하는 기구 및 용기·포장에 관하여 제조 방법에 관한 기준, 기구 및 용기·포장과 그 원재료에 관한 규격을 정하여 고시한다.

② 식품의약품안전처장은 기준과 규격이 고시되지 아니한 기구 및 용기·포장의 기준과 규격을 인정받으려는 자에게 제조 방법에 관한 기준, 기구 및 용기·포장과 그 원재료에 관한 규격의 사항을 제출하게 하여 식품의약품안전처장 또는 총리령이 정하는 시험·검사기관의 검토를 거쳐 기준과 규격이 고시될 때까지 해당 기구 및 용기·포장의 기준과 규격으로 인정할 수 있다.

③ 수출할 기구 및 용기·포장과 그 원재료에 관한 기준과 규격은 수입자가 요구하는 기준과 규격을 따를 수 있다.

④ 기준과 규격이 정하여진 기구 및 용기·포장은 그 기준에 따라 제조하여야 하며, 그 기준과 규격에 맞지 아니한 기구 및 용기·포장은 판매하거나 판매할 목적으로 제조·수입·저장·운반·진열하거나 영업에 사용하여서는 아니 된다.

03 식품등의 공전(公典)

1. 식품등의 공전(「식품위생법」 제14조)

식품의약품안전처장은 다음 기준 등을 실은 식품등의 공전을 작성·보급하여야 한다.

식품 또는 식품첨가물에 관한 기준 및 규격	• 제조·가공·사용·조리·보존 방법에 관한 기준 • 성분에 관한 규격
기구 및 용기·포장에 관한 기준 및 규격	• 제조 방법에 관한 기준 • 기구 및 용기·포장과 그 원재료에 관한 규격

04 영업

1. 시설기준(「식품위생법」 제36조)

① 식품 또는 식품첨가물의 제조업, 가공업, 운반업, 판매업 및 보존업, 기구 또는 용기·포장의 제조업, 식품접객업, 공유주방 운영업(단, 여러 영업자가 함께 사용하는 공유주방을 운영하는 경우로 한정)을 하려는 자는 총리령으로 정하는 시설기준(「식품위생법 시행규칙」 별표14)에 맞는 시설을 갖추어야 한다.

식품의 제조시설, 보관시설 등의 건축물	• 축산폐수·화학 물질, 오염 물질의 발생시설로부터 거리를 두어야 한다. • 식품의 특성에 따라 적정한 온도가 유지될 수 있고 환기가 잘 될 수 있어야 한다.
작업장	• 독립된 건물이거나 식품제조·가공 외의 용도로 사용되는 시설과 분리되어야 한다. • 바닥은 콘크리트 등으로 내수처리를 하고 배수가 잘 되어야 한다. • 내벽은 바닥으로부터 1.5m까지 밝은 색의 내수성으로 설비하거나 세균방지용 페인트로 도색한다. • 내부 구조물, 벽, 바닥, 천장, 출입문 등은 내구성, 내부식성 등을 가지고 세척·소독이 용이해야 한다. • 악취·유해가스·매연·증기 등을 환기시키기에 충분한 환기시설을 갖추어야 한다. • 외부의 오염 물질이나 해충, 설치류, 빗물 등의 유입을 차단할 수 있는 구조여야 한다. • 폐기물·폐수 처리시설과 격리된 장소에 설치해야 한다.

② ①에 따른 시설은 영업을 하려는 자별로 구분되어야 한다(단, 공유주방을 운영하는 경우 제외).

2. 영업의 종류(「식품위생법 시행령」 제21조)

식품제조·가공업, 즉석판매제조·가공업, 식품첨가물제조업, 식품운반업, 식품소분·판매업, 식품보존업, 용기·포장류제조업, 식품접객업, 공유주방 운영업

05 벌칙

1. 판매 목적으로 식품 또는 식품첨가물을 제조·가공·수입 또는 조리한 자(「식품위생법」 제93조)

① 3년 이상의 징역: 소해면상뇌증, 탄저병, 가금 인플루엔자 중 어느 하나에 해당하는 질병에 걸린 동물을 사용한 경우

② 1년 이상의 징역: 마황, 부자, 천오, 초오, 백부자, 섬수, 백선피, 사리풀 중 어느 하나에 해당하는 원료 또는 성분 등을 사용한 경우

③ ①과 ②의 경우 제조·가공·수입·조리한 식품 또는 식품첨가물을 판매하였을 때에는 그 판매금액의 2배 이상 5배 이하에 해당하는 벌금을 병과한다.

④ ① 또는 ②의 죄로 형을 선고받고 그 형이 확정된 후 5년 이내 다시 ① 또는 ②에 대한 죄를 범한 자가 ③에 해당하는 경우 ③에서 정한 형의 2배까지 가중한다.

2. 징역 또는 벌금(「식품위생법」 제94조, 제95조, 제97조)

10년 이하의 징역 또는 1억 원 이하의 벌금	• 위해식품 등의 판매 등 금지, 병든 동물 고기 등의 판매 등 금지, 기준·규격이 정하여지지 아니한 화학적 합성품 등의 판매 등 금지를 위반한 자 • 유독기구 등의 판매·사용 금지를 위반한 자 • 영업 허가 등 위반한 자
5년 이하의 징역 또는 5천만 원 이하의 벌금	• 식품 또는 식품첨가물, 기구 및 용기·포장에 관한 기준 및 규격, 인정받지 않은 재생원료의 기구 및 용기·포장에의 사용 등 금지를 위반한 자 • 거짓이나 그 밖의 부정한 방법으로 안전성 심사를 받은 자 • 영업 허가 등을 위반한 자 • 영업 제한을 위반한 자 • 폐기처분 등 또는 위해식품 등의 공표에 따른 명령을 위반한 자 • 허가취소 등에 따른 영업정지 명령을 위반하여 영업을 계속한 자
3년 이하의 징역 또는 3천만 원 이하의 벌금	• 유전자변형식품 등의 표시, 위해식품 등에 대한 긴급 대응, 자가품질검사 의무, 영업 허가 등, 영업 승계, 식품안전관리인증기준, 식품이력추적관리 등록 기준 등 단서 또는 명칭 사용 금지를 위반한 자 • 출입·검사·수거 등 또는 폐기처분 등에 따른 검사·출입·수거·압류·폐기를 거부·방해 또는 기피한 자 • 시설기준을 갖추지 못한 영업자 • 영업 허가 등에 따른 조건을 갖추지 못한 영업자 • 영업자 등의 준수사항에 따라 영업자가 지켜야 할 사항을 지키지 아니한 자 • 식품 등의 오염사고의 보고 등을 위반하여 오염 예방 조치를 하지 아니한 자 • 허가취소 등에 따른 영업정지 명령을 위반하여 계속 영업한 자 또는 영업소 폐쇄명령을 위반하여 영업을 계속한 자 • 품목 제조 정지 등에 따른 제조 정지 명령을 위반한 자 • 폐쇄 조치 등에 따라 관계 공무원이 부착한 봉인 또는 게시문 등을 함부로 제거하거나 손상시킨 자 • 식중독에 관한 조사 보고에 따른 식중독 원인조사를 거부·방해 또는 기피한 자

> **합격보장 꿀팁** 영업 신고 및 허가(「식품위생법」 제37조, 「식품위생법 시행령」 제23조, 제25조)
>
> • 영업 신고: 즉석판매제조·가공업, 식품운반업, 식품소분·판매업, 식품냉동·냉장업, 용기·포장류 제조업, 휴게음식점영업, 일반음식점영업, 위탁급식영업, 제과점영업
> • 영업 허가(허가 관청): 식품조사처리업(식품의약품안전처장), 단란주점영업(특별자치시장·특별자치도지사 또는 시장·군수·구청장), 유흥주점영업(특별자치시장·특별자치도지사 또는 시장·군수·구청장)

꼭! 풀어볼 대표문제

01

음식을 조리하기 전에 손을 씻을 때 사용하기 적절한 소독제는?

① 30~40% 포름알데히드 수용액

② 역성비누

③ 3% 석탄산 수용액

④ 승홍 1,000배 용액

02

초기부패 판정으로 사용되는 화학적 검사에 해당하는 항목이 <u>아닌</u> 것은?

① 염소

② 휘발성 염기질소

③ 트리메틸아민

④ pH

03

포도상구균 식중독을 예방하기 위한 대책으로 보기 <u>어려운</u> 것은?

① 조리된 식품을 빨리 먹는다.

② 식품 취급자는 손을 깨끗이 씻는다.

③ 조리된 식품은 10℃ 이상의 상온에서 보관한다.

④ 화농성질환자는 식품 취급에 종사하지 않는다.

04

식품의약품 의료기기, 화장품, 의약외품 등의 안전에 관한 사무를 포함한 식품위생 행정업무를 담당하는 기관은?

① 질병관리청

② 식품의약품안전처

③ 보건환경연구원

④ 보건소

05

감자 독을 예방하기 위한 가장 좋은 방법은?

① 발아 부위와 녹색 부위를 제거한다.

② 소금물에 담가 독소를 용출한다.

③ 소다수를 가하여 독소를 분해한다.

④ 감자의 껍질을 벗기지 말고 사용한다.

✓ 빠른 정답 체크

01 ★★★

역성비누 10% 용액을 200~400배로 희석하여 손 소독에 사용한다.

| 정답 | ②

02 ★★

- 초기부패 판정 시 화학적 검사에는 트리메틸아민, 휘발성 염기질소, 히스타민, 수소이온농도(pH)가 해당한다.
- 염소는 살균, 소독의 화학적 방법으로 주로 상수도 소독에 사용한다.

| 정답 | ①

03 ★★★

조리식품은 5℃ 이하의 저온에서 보관해야 한다.

| 정답 | ③

04 ★★

① 질병관리청 – 연구, 종사자의 교육 등

③ 보건환경연구원 – 식품의 위생 검사

④ 보건소 – 건강 진단, 위생 강습 등

| 정답 | ②

05 ★★

감자의 발아 부위나 녹색 부위에는 독성을 나타내는 솔라닌이 함유되어 있다. 솔라닌은 가열 조리에도 제거되지 않으므로 발아 부위나 녹색 부위를 제거하고 조리해야 한다.

| 정답 | ①

06

위해식품의 판매 금지, 영업 허가 등을 위반한 자에게 부과되는 벌칙은?

① 1년 이하의 징역 또는 1천만 원 이하의 벌금
② 3년 이하의 징역 또는 3천만 원 이하의 벌금
③ 5년 이하의 징역 또는 5천만 원 이하의 벌금
④ 10년 이하의 징역 또는 1억 원 이하의 벌금

07

식품안전관리인증기준(HACCP) 단계에서 가장 먼저 실시하는 것은?

① 식품의 위해요소 분석
② 중요관리점 결정
③ 한계관리기준 설정
④ 모니터링 방법 설정

08

집단 감염이 잘 되며, 맹장 부위에 기생하면서 항문 주위에 산란하고 항문소양증을 일으키는 기생충은?

① 회충
② 십이지장충
③ 무구조충
④ 요충

09

병원체가 세균이 <u>아닌</u> 것은?

① 콜레라, 한센병
② 홍역, 공수병
③ 디프테리아, 백일해
④ 성병, 결핵

10

우유 소독 시 약 63℃에서 30분간 가열 처리하는 소독법은?

① 저온 살균법
② 초고온순간 살균법
③ 유통 증기 멸균법
④ 간헐 멸균법

✓ 빠른 정답 체크

06 ★

「식품위생법」에 따라 썩거나 상하거나 설익어서 인체의 건강을 해칠 우려가 있는 위해식품을 판매한 영업자, 영업 허가 등을 위반한 자는 10년 이하의 징역 또는 1억 원 이하의 벌금에 처한다.

| 정답 | ④

07 ★★★

HACCP의 단계는 '위해요소(HA) 분석 → 중요관리점(CCP) 결정 → 한계관리기준(CL) 설정 → 모니터링 방법 설정 → 개선 조치 방법 수립 → 검증 절차 및 방법 수립 → 문서화 및 기록 유지'이다.

| 정답 | ①

08 ★★

요충은 채소류에서 감염되는 기생충으로 항문 주위에서 산란하며 올바른 손 씻기, 자외선 소독 등을 통해 예방할 수 있다.

| 정답 | ④

09 ★★★

홍역, 공수병(광견병)은 바이러스에 의한 감염병이다.

| 정답 | ②

10 ★★

② 초고온순간 살균법 – 130~140℃에서 1~2초간 살균하는 방법
③ 유통 증기 멸균법 – 뚜껑이 있는 용기에 물을 넣고 끓여 올라오는 증기로 살균하는 방법
④ 간헐 멸균법 – 하루 1회, 100℃ 정도로 30분간 가열하여 총 3일에 걸쳐 진행하는 살균 방법

| 정답 | ①

11

소독약의 구비 조건으로 틀린 것은?

① 표백성이 없어야 한다.
② 살균력이 강해야 한다.
③ 인수에 대한 독성이 없어야 한다.
④ 석탄산 계수가 낮아야 한다.

12

부패 미생물의 발육을 저지하는 정균 작용 및 살균 작용에 연관된 효소 작용을 억제하는 물질은?

① 방부제   ② 소포제
③ 이형제   ④ 유화제

13

공중보건상 감염병 관리 측면에서 가장 문제가 되는 대상은?

① 동물 병원소   ② 환자
③ 토양과 물   ④ 건강보균자

14

노로바이러스 식중독에 대한 설명으로 틀린 것은?

① 24~48시간 잠복 후 구토, 설사, 복통 증상이 갑작스럽게 나타난다.
② 어패류 등은 85℃에서 1분 이상 가열하여 섭취한다.
③ 대부분의 경우 1~3일이 지나면 자연 회복된다.
④ 1년 내내 발생하지만, 특히 여름에 가장 많이 발생하는 경향이 있다.

15

물리적 소독법에 대한 설명으로 옳은 것은?

① 자비 소독법은 100℃에서 5분 동안 열탕 처리한다.
② 간헐 멸균법은 100℃에서 5분 동안 1회 가열 처리한다.
③ 고압증기 멸균법은 121℃에서 20분 동안 가열 처리된다.
④ 건열 멸균법은 130℃ 수증기로 30분 동안 열 처리한다.

11 ★★★

소독약은 석탄산 계수가 높아야 한다.

| 정답 | ④

12 ★★

② 소포제 – 식품 제조공정에서 생기는 거품을 제거하기 위해 사용
③ 이형제 – 빵의 제조 시 반죽이나 빵이 잘 분리되도록 하기 위해 사용
④ 유화제 – 서로 혼합되지 않는 액체를 분리되지 않게 하기 위해 사용

| 정답 | ①

13 ★★★

건강보균자는 증상이 전혀 나타나지 않으면서 병원체를 배출하는 자로, 공중보건상 감염병 관리면에서 가장 중요하고 어려운 대상이다.

| 정답 | ④

14 ★★

노로바이러스 식중독은 늦가을(초겨울)부터 이듬해 봄까지 발생하며, 장염을 일으킨다.

| 정답 | ④

15 ★★★

① 자비(열탕) 소독법 – 100℃로 끓는 물에 15~20분간 살균하는 방법
② 간헐 멸균법 – 하루 1회, 100℃ 정도로 30분간 가열하여 총 3일에 걸쳐 진행하는 살균 방법
④ 건열 멸균법 – 150~160℃ 정도에서 30~60분간 멸균하는 방법

| 정답 | ③

16

「식품위생법」상 식품위생의 대상 범위는?

① 식품, 식품첨가물, 기구, 용기·포장
② 식품, 식품첨가물, 조리법, 저장법
③ 식품, 식품첨가물, 가공시설, 조리법
④ 식품, 식품첨가물, 저장법, 가공 방법

17

식품첨가물과 이용 식품의 연결이 <u>틀린</u> 것은?

① 소르빈산 – 어육연제품
② 데히드로초산 – 치즈, 버터
③ 안티트립신 – 간장, 음료
④ 프로피온산 – 빵, 생과자

18

세균성 식중독과 경구감염병의 차이에 대한 설명으로 옳은 것은?

① 경구감염병은 세균성 식중독에 비해 면역성이 없다.
② 경구감염병은 세균성 식중독에 비해 잠복기가 짧다.
③ 경구감염병은 세균성 식중독에 비해 소량의 균으로 발병한다.
④ 경구감염병은 세균성 식중독에 비해 2차 감염이 거의 없다.

19

곰팡이독의 원인 식품과 주된 증상의 연결이 <u>틀린</u> 것은?

① 아플라톡신 – 땅콩 – 간장독
② 시트레오비리딘 – 쌀 – 신경독
③ 에르고톡신 – 보리 – 간장독
④ 시트리닌 – 과일 – 신경독

20

식품의 변질에 대한 설명으로 <u>틀린</u> 것은?

① 산패는 유지 식품이 산화되어 냄새가 발생하고 색깔이 변화된 상태이다.
② 변패는 탄수화물, 지방에 미생물이 번식하여 먹을 수 없는 상태이다.
③ 부패는 단백질 식품이 호기성 세균에 의해 변질되는 현상이다.
④ 식품의 성분 변화를 가져와 영양소 파괴, 냄새, 맛 등이 저하되어 먹을 수 없는 상태이다.

당신이 상상할 수 있다면 그것을 이룰 수 있고,
당신이 꿈꿀 수 있다면 그 꿈대로 될 수 있다.

– 윌리엄 아서 워드(William Arthur Ward)

떡의 역사와 문화

학습 POINT!

떡의 어원과 시대별 떡의 역사, 시·절식, 향토떡에 대해 학습한다.
문제 중심으로 학습하면 암기에 도움이 될 것이다.

01
떡의 역사

02
떡의 문화

01 떡의 역사

01 떡의 어원

1. 떡의 역사
농경의 시작과 더불어 농업 및 용구의 발달과 함께 발전하였으며, 역사적 유물을 통해 떡의 기원을 추정할 수 있다.

2. 떡의 어원 변화
찌다 → 찌기 → 떼기 → 떠기 → 떡

3. 떡의 사용
① 주식의 대용이자 별식이다.
② 각종 제례나 예식에 사용한다.
③ 농경의례, 통과의례, 명절 등에 사용한다.
④ 주로 찹쌀이나 멥쌀 등 곡식을 가루 내어 사용한다.

02 시대별 분류

1. 상고시대
① 구석기시대
  • 원시 농경과 수렵, 채집이 주된 생활 수단이다.
  • 유물의 출토에 따라 떡의 쓰임을 추정할 수 있다.
② 신석기시대
  • 갈판, 갈돌, 돌확(확돌), 돌칼, 뒤지개 등이 출토되어 빗살무늬토기를 이용한 떡에 대해 추정할 수 있다.
  • 피, 기장, 조, 수수, 콩, 보리 등 잡곡류가 이용되었을 것으로 추정할 수 있다.
  • 동물의 사냥에서 얻을 수 있는 동물성 기름을 이용하여 지지거나 구운 떡을 사용하였음을 추정할 수 있다.
③ 청동기시대
  • 솥을 이용한 찌는 떡에 대해 추정할 수 있다.
  • 황주, 봉산, 황해도, 평안도, 함경북도 등에서 시루가 발굴되어 초기 단계의 떡으로 시루를 사용하였음을 추정할 수 있다.
④ 고조선시대: 각종 의례 및 명절식, 시절식 등으로 쓰였다.
⑤ 철기시대: 경기 양평, 춘천 중도, 김해 웅천, 김해 부원사, 마산 성산, 평안남도 태성리, 함경북도 등에서 유물이 발견되어 찌는 떡이 크게 보편화되었을 것으로 추정할 수 있다.

> **합격보장 꿀팁** | **상고시대 유물**
> • 나진초도 조개더미: 함경북도 나진시, 손잡이가 달린 바닥에 구멍이 많은 시루
> • 갈판, 갈돌: 황해도 봉산군 지탑리, 곡물의 껍질을 벗기는 데 사용했을 것으로 추정
> • 돌확: 경기도 북변리와 동창리의 유적지, 돌로 만든 조그만 절구
> • 굽돌 화덕: 서울 암사동, 강원도 양양군 오산리
> • 화덕 터: 함경북도 서포항 유적 제1층, 함경북도 경성군 행영면 지경, 야외 움집

2. 삼국시대 및 통일신라시대

① 벼농사 중심의 농경이 발달하였다.

② 통일신라시대는 쌀을 중심으로 곡물 농업이 확대되었다.

③ 삼국시대 고분에서 시루가 출토되었다.

④ 역사적인 문헌을 통해 의례용으로 떡이 사용되었음을 추정할 수 있다.

⑤ 청동제 시루: 신라시대 98호 고분(황남대총)

⑥ 시루와 디딜방아: 고구려 안악 3호분 고분 벽화

⑦ 떡에 관한 문헌

문헌	시대	내용
「삼국사기」	신라 유리왕(298년)	• 유리와 탈해가 떡을 깨물어 치아의 개수가 많은 유리가 왕이 되었다는 기록이 있다. • 치는 떡으로 추정된다.
	신라 자비왕대 (459~479)	• '백결선생은 가난하여 떡을 치지 못해 거문고로 떡방아 소리를 내어 부인을 위로했다.'는 기록이 있다. • 흰떡, 절편, 인절미 등으로 추정된다.
「영고탑기략」, 「식화고」		영향현 지방의 배는 작기는 하지만 맛이 좋아 포도를 넣어 함께 찐 시루떡에 대해 불품과 '맛이 더할 수 없이 뛰어나다.'라는 기록이 있다.
청장원 문서 (일본)		일본의 떡에 대한 방법으로 소두병, 대두병, 전병 등이 있으며 팥설기, 콩설기, 기름에 지지는 전병에 관한 떡의 종류와 우리 음식이 일본에 전해진 것으로 추정된다.
「삼국유사」, 「가락국기」		• 효소왕대(692~702): '설병 한 합과 술 한 병을 가지고'라는 구절에서 설(舌)은 혀를 의미하므로 혀의 모양과 비슷한 인절미, 절편, 설기떡으로 추정된다. • '세시마다 술, 감주와 병, 반, 과, 채 등의 여러 가지를 갖추고 제사를 지냈다.'는 기록이 남아 있는데, 과(果)는 곡물에 꿀을 섞어 만든 한과의 종류로 추정된다.

합격보장 꿀팁 「사금갑조」 약밥의 유래

신라 소지왕 10년에 왕이 나들이를 갔다가 까마귀 한 마리가 안내하여 연못으로 가니 백발노인이 "금갑을 향해 활을 쏘아라"라고 했고, 왕이 황급히 궁궐로 돌아가 금갑을 향해 활을 쏘니 왕을 해치려 숨어든 승려가 화살에 맞아 죽었다. 이 일이 있은 후 소지왕이 까마귀에 대한 감사의 마음으로 매년 까만 밥을 지어 먹었다는 풍습이 전해지는데 여기서 약밥이 유래되었다.

3. 고려시대

① 왕권 중심 체제와 불교 숭상, 권농 정책으로 곡물 생산의 증가와 곡물 중심의 음식이 더욱 발달하였다.

② 불교 숭상으로 육식의 억제와 음다풍속(차 문화)에 의해 떡과 정과류가 발달하였다.

③ 고려청자를 사용한 음식문화의 확립기이다.

④ 떡에 관한 문헌

「해동역사」	• '고구려인이 율고를 잘 만든다.'는 중국인의 기록이 있다. • 율고는 밥을 섞어 만든 떡으로 밤떡, 밤설기라고도 한다.
「거가필용」 (원나라 서적)	• 고려율고에는 멥쌀 대신 찹쌀을 곱게 갈아 찐다는 기록이 있다. • 여진의 시고 감설기는 찹쌀가루와 밤가루를 섞은 후 대추가루를 혼합하여 찐 떡이다.
「지봉유설」	• 「송사」를 인용해 '고려에는 삼사일(삼짇날)에 청애병(쑥떡)을 만들어서 음식의 으뜸으로 삼는다.'라고 기록되어 있는데, '애고'는 쑥설기로 추정되고, 애엽은 쑥을 일컫는다. • 청애병(쑥떡)은 어린 쑥잎을 쌀가루에 섞어 쪄서 만든다.
「목은집」	• 목은 이색의 저서에 유두일에 수단을 먹었다는 기록이 있다. • 수단은 '백설 같이 흰 살결에 달고 신맛이 섞여 있더라.'라고 소개된다.
「고려사」	• 불교의 영향으로 떡의 종류가 발달하였다. • 부재료의 사용이 새롭게 나타난다.

고려시대 최초로 상화(밀가루를 술로 발효하여 채소로 만든 소와 팥소를 넣어 찐 떡)를 판매한 가게이다.

4. 조선시대

① 농업 기술과 조리 기술이 발달하였고, 유교 문화와 궁중과 반가를 중심으로 발달한 식생활 문화의 전성기이다.

② 떡의 종류가 매우 다양하여 250여 가지가 되었고, 섬세하며 고급화되었다.

③ 멥쌀가루와 찹쌀가루에 곡물 배합 및 모양, 맛, 영양의 변화를 통해 떡의 다양성이 높아졌다.

④ 유교의 영향으로 관혼상제의 풍습이 일반화되어 각종 의례와 잔치에 떡이 필수적으로 쓰였다.

⑤ 떡에 관한 문헌(조선 중기)

「도문대작」	• 우리나라 식품전문서로 가장 오래된 책(1611년)이다. • 19종의 떡이 기록되어 있다. • 화전은 전화법, 유전병이라 하여 문헌상 최초로 기록되어 있다. • '병(餠)'과 '고(糕)'는 모두 떡을 가리킨다.
「음식디미방」 (규곤시의방)	• 석이편법, 전화법(지지는 떡), 잡과법, 상화법, 증편법, 섭산산법 등이 기록되어 있다. • 안동 장씨가 남긴 최초의 한글 조리서이다.
「규합총서」	• 석탄병 - '맛이 좋아 차마 삼키기 아까운 떡'으로 기록되어 있다. - 고려시대 감설기가 발전한 떡이다. - 감가루, 견과류, 꿀 등을 넣어 만든 떡으로 감가루를 섞어 자줏빛이 난다. • 남방감저병: 1763년 고구마의 유입으로 고구마(감저)를 껍질째 씻어 말려 가루를 내 찹쌀가루와 함께 찐 떡이다. • 혼돈병: 찹쌀가루에 꿀, 승검초가루, 계핏가루, 후춧가루, 말린 생강, 황률(말려 껍질을 벗긴 밤), 굵은 잣가루와 같은 재료를 사용하여 두텁떡과 비슷하게 만든 떡이다. • 도행병: 복숭아와 살구로 만든 떡이다. • 신과병: 익은 햇밤과 풋대추를 썰고, 좋은 침감을 껍질 벗겨 저미고 풋청대콩과 쌀가루에 섞어 꿀로 버무려 햇녹두를 거피하고 뿌려 찐 떡이다. • 밤주악, 대추주악, 주재료로 찹쌀을 사용한다.
「수문사설」	주악(조악전)은 찹쌀가루를 반죽하여 소를 넣고 빚어 기름에 지진 떡이다.
「요록」	경단병은 찹쌀가루를 빚은 후 익혀 '꿀물 → 청향 → 꿀' 순으로 만든 떡으로 경단류, 단자류로 처음 기록되었다.
「증보산림경제」	향애단자에 대한 단자류 기록이 있다.

• 기단가오: 메조가루에 대추, 통팥을 섞어 만든 설기떡이다.
• 마구설기: 멥쌀가루에 부재료는 상관없이 섞어 만든 떡이다.
• 유고: 쌀가루에 참기름, 소금을 넣고 잣과 대추를 고명으로 올린 설기떡이다.
• 유병: 찹쌀가루로 떡을 만들어 기름에 지진 음식이다.

5. 근대 및 현대

① 직접 만들어야 했던 떡을 떡집에서 구입하여 먹기 시작했다.

② 근대에는 시루떡류(콩설기, 콩시루편, 거피팥시루떡)가 등장했다.

③ 경제 성장과 산업화의 발달로 식재료가 다양해졌다.

④ 전통떡과 퓨전떡으로 나뉘어 떡의 종류가 다양해졌다.

⑤ 떡 카페 등이 생겨나 떡케이크, 떡공예, 떡 후식, 레토르트떡, 영양떡 등 떡이 대중화되었다.

합격보장 꿀팁 떡에 관한 속담

- 누워서 떡 먹기: 하기가 매우 쉬운 것을 비유적으로 이르는 말이다.
- 여름비는 잠비, 가을비는 떡비: 여름에 비가 오면 낮잠을 자게 되고, 가을에 비가 오면 떡을 해 먹게 된다는 말이다.
- 떡 줄 사람은 꿈도 안 꾸는데 김칫국부터 마신다.: 해 줄 사람은 생각지도 않는데 미리부터 다 된 일로 알고 행동하는 것을 비유하는 말이다.
- 깨떡 먹기/기름떡 먹기: 하기에 쉽고도 즐거운 일을 비유적으로 이르는 말이다.
- 남 떡 먹는 데 팥고물 떨어지는 걱정한다.: 남의 일에 쓸데없이 걱정함을 비유적으로 이르는 말이다.
- 남의 떡에 설 쇤다.: 남의 덕택으로 이익을 거저 보게 되는 것을 비유하는 말이다.
- 떡도 먹어 본 사람이 먹는다.: 무슨 일이든지 늘 하던 사람이 더 잘한다는 의미이다.
- 입에 맞는 떡: 마음에 꼭 드는 일이나 물건을 이르는 말이다.

02 떡의 문화

01 시식, 절식으로의 떡

1. 시식, 절식의 정의

시식	제철에 나는 재료로 만들어 먹는 음식
절식	다달이 있는 명절을 맞이하여 그 뜻을 기리면서 만들어 먹는 전통 음식

2. 시식, 절식의 종류

정월 초하루 (설날, 음력 1월 1일)	• 첨세병: 설날에 먹는 떡국으로, 나이를 한 살 더 먹는다는 의미이다. • 멥쌀가루를 이용하여 가래떡을 만들고 썰어 떡국을 끓인다. • 떡을 길게 늘여 가래로 뽑은 것은 재산이 쭉쭉 늘어나라는 의미이다. • 둥글게 썬 가래떡은 엽전 모양과 비슷하여 재물을 의미한다. • 떡국은 백탕(떡과 국물이 모두 희다는 뜻) 또는 병탕(떡을 넣어 끓였다는 뜻)이라 하여 설날 아침에 먹었다. • 조랭이떡국은 개성 지방의 떡국으로, 조롱박 모양은 액막이를 의미한다. • 설날에 조상에게 올리는 제사를 정조다례라고 한다.
정월대보름 (상원, 음력 1월 15일)	• 약식: 신라 소지왕 때 까마귀가 왕의 생명을 구해준 보답에서 유래한다. • 찹쌀을 찐 후 양념과 부재료를 넣고 버무려 다시 쪄낸 음식이다.
중화절 (음력 2월 1일)	• 농사철의 시작을 알리는 시점으로 그 해 풍년을 바라는 의미이다. • 노비송편: 노비들에게 송편을 만들어 나이에 맞게 나누어 주는 격려의 의미가 있으며, 삭일송편, 나이떡, 섬떡이라고도 한다.
삼짇날 (음력 3월 3일)	• 강남 갔던 제비가 돌아온다는 날이다. • 화전: 익반죽한 찹쌀 반죽을 둥글납작하게 빚어 지진 떡 위에 진달래 꽃잎을 장식한 떡이다. • 「동국세시기」에 화전은 화면과 함께 삼짇날 으뜸 음식이라 하였다. • 화전 이외에도 절편, 쑥떡, 향애단 등을 먹는다.
한식 (동지 후 105일째 되는 날, 양력 4월 5~6일경)	• 쑥단자: 어린 쑥으로 만든 절편이나 단자이다. • 떡 이외의 절식으로 메밀면을 먹는다.
사월 초파일 (음력 4월 8일)	• 느티떡(유엽병): 연한 느티잎을 멥쌀가루와 섞어 거피팥고물을 얹어 켜를 하여 찐 시루떡이다. • 장미화전: 꽃이 피는 시기로, 찹쌀가루로 반죽하여 장미꽃을 올린 떡이다. • 석남엽병: 석남잎을 넣어 만든 증편이다.
단오 (음력 5월 5일)	• 차륜병: 단오날을 수릿날이라고 하였으며, 수리취를 넣어 떡을 빚어 수레바퀴 문양의 떡살로 찍어 낸 떡으로, 수레바퀴 모양의 바퀴처럼 잘 굴러가라는 의미의 떡이다. • 도행병: 복숭아와 살구를 이용한 떡이다.
유두 (음력 6월 15일)	• (떡)수단: 둥글게 빚은 흰떡을 꿀물에 띄워 더위를 피하기 위해 만든 음식이다. • 상화병: 밀가루를 막걸리로 반죽하여 발효시킨 후 소를 넣고 빚은 떡이다. • 밀전병: 밀가루로 만든 전병이다.
삼복, 칠석날 (음력 7월 7일)	• 삼복 때에는 떡을 발효시켜 쉽게 상하지 않는 증편과 주악, 깨찰편, 밀설구를 만들어 먹는다. • 증편: 쌀가루에 술(막걸리)을 넣어 반죽한 후 발효시킨 대표적인 발효 떡(기주떡, 기지떡, 벙거지떡, 술떡)이다. • 주악: 익반죽한 찹쌀가루에 소를 넣어 빚은 후 기름에 지지거나 튀긴 떡이다. • 백설기: 칠석에 햇벼가 익으면 흰쌀로만 백설기를 만들어 사당에 천신하였다.

추석 (한가위, 음력 8월 15일)	• 오려송편: 햅쌀(올벼)로 빚은 송편이다. • 송편을 찔 때 솔잎을 떡 사이사이에 넣고 찐다고 하여 송편이라는 이름이 붙었다(솔잎에 함유된 피톤치드의 주성분인 테르펜으로 균의 침입을 막아 방부 효과가 있음).
중양절 (음력 9월 9일)	• 추석에 제사를 올리지 못한 집에서 뒤늦게 천신을 하였으며 시인, 묵객들은 야외에서 시를 읊거나 풍국놀이를 하였다. • 국화전: 찹쌀가루를 익반죽한 후 빚어 국화를 올려 지진 떡이다. • 이외에도 밤떡, 국화주 등을 먹는다.
상달 (음력 10월)	• 일 년 중 가장 으뜸으로 여기는 달로, 그 해의 추수와 수확을 감사하여 제사를 지낸다. • 무시루떡: 쌀가루에 무채 등을 섞고 붉은팥고물을 이용하여 켜를 주어 시루에 찐 떡이다. • 팥을 사용하는 이유는 붉은색이 액막이를 의미하기 때문이다. • 애단자, 밀단고를 먹는다.
동지 (작은설, 양력 12월 22일경)	• 1년 중 밤의 길이가 가장 길고 낮의 길이가 가장 짧은 날로, 팥죽을 끓여 먹는다. • 귀신을 쫓는 벽사의 의미로 붉은팥을 쑤어 찹쌀 경단을 만들어 넣는다.
납일 (음력으로 연말 무렵)	• 동지 뒤 셋째 미일(未日)로, 조상이나 종묘, 사직에서 납향(한 해 동안 지은 농사, 그 밖의 일을 여러 신에게 고하는 제사)을 지냈다. • 골무떡: 꽈리가 일도록 찐 멥쌀가루에 길게 늘여 한입 크기로 끊어 팥소를 넣고 골무 모양으로 빚은 떡이다.
섣달그믐 (음력 12월 31일)	• 한 해의 마지막 날이다. • 가래떡, 만두 등을 먹는다.

 **합격보장 꿀팁** 붉은 찰수수경단(수수팥단자)

• 귀신이 붉은색을 싫어한다는 속신에서 비롯되었다(벽사의 의미).
• 자손이 번성하고 오래 살기를 바라는 마음이 담겨 있다.
• 어린아이의 액을 막는 의미로 열 살 생일 때까지 해주는 풍습이 있다.

02 통과의례와 떡

1. 통과의례의 정의
① 사람이 태어나서 죽을 때까지 거치게 되는 중요한 의례를 말한다.
② 통과의례에는 다양한 음식을 먹으면서 오복을 기원하였다.

합격보장 꿀팁 오복(五福)

• 수: 장수
• 부: 부귀
• 강녕: 몸이 건강하고 마음이 편안함
• 유호덕: 덕을 좋아하여 즐겨 행하는 일
• 고종명: 제명대로 살다가 편안히 죽는 것

2. 통과의례별 떡
삼칠일	백설기(신성한 산신의 보호를 의미함)
백일	백설기(무병장수, 큰 복 기원), 붉은 찰수수경단(액막이), 오색송편(우주만물과 조화)
첫돌	백설기(무병장수, 신성함), 붉은 찰수수경단(액막이), 오색송편(우주만물과 조화), 인절미(끈기 있는 사람), 무지개떡(조화로운 미래 기원)

책례	• 어려운 책을 한 권씩 뗄 때마다 이를 축하하고 더욱 학문에 정진하라는 격려의 의미로 행하는 의례이다. • 작은 모양의 오색송편, 경단, 떡국 등을 먹는다. • 속이 빈 송편은 겸손, 속이 꽉 찬 송편은 학문적 성과를 기원하는 의미이다.
성년례	• 어른으로부터 독립하여 자기의 삶은 자기가 갈무리하라는 책임과 의무를 일깨워 주는 의례이다. • 각종 떡과 약식을 먹는다.

혼례	• 봉치떡(함떡)은 시루에 찹쌀과 붉은팥고물을 두 켜로 안치고 대추나 밤을 둥글게 돌려 담아 찐 떡이다.
	   – 찹쌀: 부부가 찹쌀처럼 화목하게 지내기를 기원하는 뜻
	   – 찹쌀떡의 2켜: 부부를 의미
	   – 붉은팥고물: 벽사의 의미
	   – 대추 7개: 아들 7형제를 상징(자손 번창)
	   – 밤: 풍요와 장수, 딸(고명딸)
	• 달떡과 색떡은 혼례상에 올리는 떡으로, 둥글게 빚은 흰 달떡은 부부가 세상을 보름달처럼 밝게 비추고 서로 둥글게 채워 가며 살기를 기원하는 의미이다.
	• 인절미는 혼례 때 상에 내놓거나 이바지 음식으로 사용하며, 입마개떡이라고도 부른다.

회갑	• 큰상차림의 떡에 색떡으로 나뭇가지에 꽃이 핀 모양의 조화를 만들어 장식한다. • 화전이나 주악, 단자, 부꾸미 등을 웃기로 장식한다. • 갖은편: 백편, 녹두편, 꿀편, 승검초편
제례	• 편류의 떡(녹두고물편, 거피팥고물편, 흑임자고물편, 꿀편 등)을 사용한다. • 단자, 주악 등을 웃기로 장식한다.

합격보장 꿀팁 상차림

• 큰상: 결혼, 환갑 등의 잔치를 축하하기 위해 차리는 상차림으로 음식을 높이 쌓아서 상을 차리므로 고임상, 고배상 또는 바라보는 상이라는 뜻의 망상이라고도 한다.
• 입맷상: 주안상이라고도 하며 맑은 술을 올리거나 식혜, 수정과를 후식으로 낸다.

합격보장 꿀팁 출산 의례

• 아이를 낳으면 대문에 금줄(남아 – 숯과 고추, 여아 – 숯과 솔잎)을 걸어 외부인의 출입을 금하며 금줄은 삼칠일(21일) 동안 매단다.
• 첫 국밥이라 하여 산모에게 흰쌀밥과 곰국을 주었다.
• 삼신상: 흰쌀밥, 미역국, 물을 세 그릇씩 올려 감사를 표시한다.

03 향토떡

1. 향토떡의 의미

각 지역의 특색 있는 식재료를 사용하여 만든 떡을 의미한다.

2. 지역별로 남아 있는 향토떡의 특징과 종류

지역	특징	종류
서울, 경기도	• 궁중음식이 발달함 • 떡 종류가 다양함 • 화려함(멋)	두텁떡(궁중떡), 느티떡, 여주산병, 석이단자, 대추단자, 상추설기, 각색편, 화전, 쑥구리단자, 각색경단, 쑥버무리, 물호박떡, 건시단자, 개떡, 색떡(꽃떡) 등
강원도	• 80%가 산지임 • 고랭지 기후	감자떡, 감자경단, 감자시루떡, 감자녹말송편, 도토리송편, 찰옥수수떡, 옥수수설기, 메밀전병(메밀총떡), 기장취떡, 댑싸리떡, 방울증편, 차좁쌀인절미 등
충청도	• 양반과 서민의 떡이 구분됨 • 수수하고 소박한 떡	해장떡(뱃사람), 쇠머리떡, 곤떡, 약떡, 약설기떡, 호박송편, 꽃산병, 칡개떡, 햇보리개떡, 수수팥떡, 막편, 장떡, 호박떡 등

전라도	• 곡식이 풍부함 • 떡 종류가 많음 • 감을 많이 사용함	감시루떡, 감찰떡, 감단자, 감고지떡, 감인절미, 삐삐떡, 웃기떡, 재증병, 섭전, 깨시루떡, 밀기울떡, 차조기떡, 고치떡, 보리떡, 꽃송편 등
경상도	부재료로 콩을 많이 사용함	모시잎송편, 만경떡, 잡과편, 잣구리, 칡떡, 거창송편, 밤·대추·밀비지·감으로 만든 설기떡, 제사떡 등
제주도	잡곡을 재료로 한 떡이 많음	오메기떡, 빙떡(메밀부꾸미), 도래떡, 뼈대기떡(감제떡), 상애떡, 도돔떡, 침떡(좁쌀시루떡), 속떡, 은절미 등
황해도	조를 많이 사용함	오쟁이떡, 무설기떡, 큰송편, 수수무말이, 닭알범벅, 잔치메시루떡, 잡곡부치기 등
평안도	다른 지방에 비해 크기가 큼	송기떡, 노티떡, 강냉이골무떡, 감자시루떡, 장떡, 조개송편, 찰부꾸미, 뽕떡, 언감자떡 등
함경도	콩, 조, 강냉이, 수수 등 잡곡을 이용한 소박한 떡이 많음	함경도떡, 꼬장떡, 귀리떡, 기장취떡, 기장찰편, 조찰편, 기지떡, 오그랑떡, 언감자송편, 기장인절미 등

합격보장 꿀팁 떡의 종류

- 장떡: 찹쌀가루에 된장과 고추장이 들어가 구수하고 쫄깃한 맛을 내는 떡이다.
- 여주산병: 크기가 다른 바람떡을 두 개 겹쳐서 만든 떡으로 화려한 모양 때문에 주로 큰 잔치에 이 산병을 많이 만들어 편의 웃기로 올렸다고 한다.
- 해장떡: 뱃사람들이 아침에 일을 나가기 전에 뜨끈한 해장국과 함께 먹었다는 떡으로 팥고물을 입힌 인절미와 같은 떡이다.
- 빙떡: 메밀가루를 묽게 반죽하여 기름을 두른 번철에 얇게 펴놓고 삶아 양념한 무채를 소로 넣고 말아서 지져낸 떡으로 돌돌 말아서 만든다고 해서 '빙떡' 또는 멍석처럼 말아 감는다고 해서 '멍석떡'이라고 한다.
- 섭전: 찹쌀가루에 국화 꽃잎을 얹어 지진 떡이다.
- 오쟁이떡: 찹쌀가루를 쪄서 안반에 놓고 쳐 인절미를 만든 뒤 붉은팥소를 넣고 작은 고구마 크기로 빚어 콩고물을 묻힌 것이다.
- 약편(대추편): 멥쌀가루, 대추, 막걸리, 석이, 밤 등의 재료에 석이채, 대추채, 밤채를 위에 골고루 얹어 찐 떡이다.
- 곤떡: 찹쌀가루를 반죽하여 지초를 추출한 기름에 지진 떡으로 색과 모양이 곱다 하여 처음에는 고운 떡으로 불렸다.

꼭! 풀어볼 대표문제

01

찌는 떡의 종류가 <u>아닌</u> 것은?

① 차륜병   ② 켜떡
③ 콩설기   ④ 증편

02

다음에서 설명하는 떡을 먹는 명절은?

찹쌀가루를 익반죽한 후 빚어 국화를 올려 지진 떡

① 납일   ② 중양절
③ 섣달그믐   ④ 칠석날

03

신라 소지왕 때 까마귀가 왕의 생명을 구해준 것을 고맙게 여겨 보은한 일에서 유래한 음식은?

① 두텁떡   ② 상화병
③ 약밥   ④ 도행병

04

'석탄병은 그 맛이 좋아 차마 삼키기 아까운 떡'이라 기록되어 있는 고서는?

① 「삼국유사」   ② 「증보산림경제」
③ 「요록」   ④ 「규합총서」

05

떡과 관련된 상고시대 유적지 유물로 적절하지 <u>않은</u> 것은?

① 나진초도 조개더미 - 시루
② 황해도 - 갈돌
③ 경기도 북변리 - 돌확
④ 강원도 - 안반

✓ 빠른 정답 체크

01 ★★★

차륜병은 단오 절식의 하나로, 수리취 절편이라고도 한다. 절편은 익은 떡을 절구나 안반에 치거나 펀칭기를 이용해서 완성하는 치는 떡의 종류이다.

| 정답 | ①

02 ★★

중양절은 음력 9월 9일로, 국화전을 부쳐 먹었다.

| 정답 | ②

03 ★★★

약밥은 약식이라고도 하며 정월대보름 절식이다. 「사금갑조」에 신라 소지왕에 관한 약밥의 유래가 전해진다.

| 정답 | ③

04 ★★★

석탄병은 멥쌀가루에 감가루, 견과류, 꿀 등을 섞어 찐 떡으로 고려시대의 감설기가 발전한 떡이다.

| 정답 | ④

05 ★★

강원도 양양군 오산리, 서울 암사동에서 발견된 유물은 굽돌 화덕이다.

| 정답 | ④

06

떡에 대한 정의로 틀린 것은?

① 곡식을 가루 내어 물과 반죽하여 찌거나 삶거나 지져서 만든 음식이다.
② '찌기 – 떠기 – 떼기 – 떡'으로 어원이 변화되었다.
③ 각종 제례 및 농경의례, 토속 신앙을 배경으로 사용되었다.
④ 우리나라 고유의 음식 중 하나이다.

07

「거가필용」에 기록된 밤설기떡을 의미하는 떡은?

① 서여향병 ② 신과병
③ 고려율고 ④ 기단가오

08

떡의 고급화와 전성기를 이루며, 전반적인 농업 기술과 음식의 조리, 가공 기술이 발달하여 식생활 문화가 형성된 시대는?

① 삼국시대 ② 통일신라시대
③ 고려시대 ④ 조선시대

09

'전화법', '유전병'이라 하여 화전이 처음 기록된 고서는?

①「음식디미방」 ②「도문대작」
③「주방문」 ④「동국세시기」

10

시식, 절식 떡의 연결이 바르지 않은 것은?

① 중화절 – 삭일송편 ② 삼짇날 – 차륜병
③ 사월 초파일 – 유엽병 ④ 단오 – 도행병

✓ 빠른 정답 체크

06 ★★★

떡의 어원은 '찌다 → 찌기 → 떼기 → 떠기 → 떡'의 순으로 변화되었다.

|정답| ②

07 ★

밤을 한자로 '율(栗)'이라고 한다.

|정답| ③

08 ★★

조선시대에는 혼례, 빈례, 제례 등 각종 행사 등에 떡과 한과 등이 사용되었으며, 떡의 종류가 250여 가지로 매우 다양했다.

|정답| ④

09 ★★★

화전은 전화법, 유전병으로 「도문대작」(1611년)에 처음 기록되었다. 「동국세시기」에는 녹두가루 사용과 두견화, 장미화, 국화 등의 꽃과 꿀, 기름 등을 사용하였다고 기록되어 있다.

|정답| ②

10 ★★★

- 수리취를 넣어 만든 차륜병은 단오 절식이다.
- 삼짇날에는 지진 떡 위에 진달래 꽃잎을 장식한 화전을 먹었다.

|정답| ②

11

봉치떡에 대한 설명으로 틀린 것은?

① 신랑집에서 신부집으로 함을 보내는 납채에서 봉치떡을 사용한다.
② 대추와 밤은 자손 번영을 의미한다.
③ 떡의 2켜는 부부를 의미한다.
④ 멥쌀은 부부가 찰떡처럼 지내기를 기원하는 의미이다.

12

제례 때 사용되는 고물의 종류가 아닌 것은?

① 녹두고물
② 흑임자고물
③ 붉은팥고물
④ 거피팥고물

13

지역별 떡의 연결이 틀린 것은?

① 서울, 경기 – 여주산병
② 충청도 – 해장떡
③ 제주도 – 오쟁이떡
④ 평안도 – 노티떡

14

고려시대 최초로 이 떡을 판매하는 가게의 명칭을 '쌍화점'이라 하였는데, 이 떡은 무엇인가?

① 밀단고
② 상화병
③ 증편
④ 수단

15

아기가 태어난 지 1년을 축하하는 의미로 사용되는 떡의 종류가 아닌 것은?

① 백설기
② 인절미
③ 무지개떡
④ 달떡

16

떡의 명칭과 설명이 틀린 것은?

① 차륜병 – 수리취를 넣어 만든 떡
② 도행병 – 복숭아나 살구의 즙으로 반죽하여 만든 떡
③ 달떡 – 둥글게 빚은 절편
④ 삭일송편 – 수확한 햅쌀로 빚은 송편

16 ★★★
• 삭일송편은 노비송편이라고도 하며, 음력 2월 1일 중화절에 먹는 떡이다.
• 햅쌀로 빚은 송편은 오려송편으로 추석에 먹는 떡이다.
|정답| ④

17

유두 절식의 떡으로 적절하지 않은 것은?

① 밀전병
② 약식
③ 상화병
④ 떡수단

17 ★★★
약식은 정월대보름에 먹는 떡이다.
|정답| ②

18

삼짇날(음력 3월 3일)에 으뜸으로 삼았다는 떡으로 「지봉유설」에 기록된 것은?

① 청애병
② 석탄병
③ 혼돈병
④ 석이병

18 ★★
청애병은 쑥떡을 말한다.
|정답| ①

19

설날에는 무병장수와 재산이 늘어나길 바라는 마음으로 떡국을 먹는다. 떡국을 다른 말로 무엇이라고 하는가?

① 경단병
② 첨세병
③ 신과병
④ 애엽병

19 ★★★
떡국은 나이를 더 먹는다는 의미로 '첨세병'이라고도 한다.
|정답| ②

20

삼복에 먹는 떡으로, 쉽게 상하지 않도록 막걸리를 넣어 반죽하는 발효 떡은?

① 화전
② 수단
③ 증편
④ 단자

20 ★★★
증편은 쌀가루에 술을 넣어 반죽하여 발효시킨 대표적인 발효 떡이다.
|정답| ③

에듀윌이
너를
지지할게

ENERGY

마음을 위대한 일로 이끄는 것은 오직 열정,
위대한 열정뿐이다.

– 드니 디드로(Denis Diderot)

실전동형
모의고사

4회분

01

지방 향토떡의 연결이 틀린 것은?

① 평안도 – 노티떡
② 전라도 – 두텁떡
③ 강원도 – 감자떡
④ 제주도 – 오메기떡

02

어린아이의 액을 막는다는 의미로 첫돌부터 열돌까지 계속해서 생일 때 해 주던 떡은?

① 수수팥단자
② 송편
③ 백설기
④ 붉은팥시루떡

03

곡류 전분의 호화 온도의 범위는?

① 25~35℃
② 50~55℃
③ 45~55℃
④ 60~65℃

04

단오절의 절식으로 수레바퀴 문양의 떡살로 찍은 떡은?

① 수리취절편
② 바람떡
③ 송편
④ 쑥절편

05

혼례 때 상에 내놓거나 이바지 음식으로서 예로부터 입마개떡이라 부르는 떡은?

① 인절미
② 가래떡
③ 절편
④ 약식

06

출산 의례 때 행하는 풍습이 아닌 것은?

① 첫 국밥이라 하여 산모에게 흰쌀밥과 곰국을 주었다.
② 아이를 낳으면 대문 앞에 금줄을 걸어 외부인의 출입을 금한다.
③ 남아와 여아의 금줄이 다르다.
④ 금줄은 대체로 백일 동안 친다.

07

돌상 차림의 풍습에 대한 설명으로 틀린 것은?

① 새 그릇에 흰 밥과 미역국을 담고 나물과 다양한 색깔의 과일도 준비한다.
② 떡은 백설기, 붉은팥고물 찰수수경단, 오색송편, 인절미, 무지개떡을 준비한다.
③ 여아인 경우 국문 대신 천자문, 활과 화살 대신 색지, 가위, 실패 등을 놓는다.
④ 국수는 아기의 장수를 기원한다.

08

돌상에 올리는 수수경단에 대한 설명으로 틀린 것은?

① 귀신이 붉은색을 싫어한다는 속신에서 생긴 것이다.
② 수수경단에 쓰이는 붉은팥은 곱게 체에 밭쳐 통팥을 빻아 사용한다.
③ 자손이 번성하고 오래 살기를 바라는 마음이다.
④ 백설기와 수수경단은 아기가 성인이 될 때까지 생일마다 만들어 주면 좋다.

09

멥쌀가루에 재료에 상관없이 섞어 만든 떡은?

① 토란병
② 마구설기
③ 남방감저병
④ 칡개떡

10

수수팥경단이 아이 생일 떡으로 쓰이는 이유로 옳은 것은?

① 아이가 건강하게 자라기를 기원한다.
② 조상의 음덕으로 아이의 장래에 복을 기원한다.
③ 팥의 붉은 기운은 아이의 건강을 의미한다.
④ 붉은색은 귀신으로부터 보호하는 액막이다.

11

초파일의 절식이 아닌 것은?

① 느티떡　　　　② 장미화전
③ 석남엽병　　　④ 골무떡

12

유두의 절식으로 바르게 묶인 것은?

① 수단, 차륜병　　② 상화병, 밀전병
③ 쑥단자, 메밀면　④ 증편, 주악

13

고려시대의 떡에 대한 설명으로 옳지 않은 것은?

① 불교 숭상으로 육식의 억제와 음다풍속에 의해 떡이 발달하였다.
②「해동역사」에는 '고구려인이 율고를 잘 만든다.'는 기록이 있다.
③ 권농 정책으로 곡물 중심의 음식이 더욱 발달하였다.
④ 떡의 종류가 다양하고 섬세하며 고급화되었다.

14

전통적으로 간장으로 간을 하는 떡에 해당하는 것은?

① 두텁떡　　　　② 석탄병
③ 송기떡　　　　④ 승검초편

15

곰팡이 식중독이 아닌 것은?

① 아플라톡신　　② 베네루핀
③ 황변미 중독　　④ 맥각 중독

16

증병(蒸餠)에 대한 설명으로 틀린 것은?

① 찌는 떡으로 가장 기본이 되는 떡이다.
② 일명 시루떡이다.
③ 떡의 모양에 따라 설기떡과 켜떡이 있다.
④ 켜떡을 무리떡이라고도 한다.

17

각색편을 의미하는 것이 아닌 것은?

① 백편　　　　　② 쑥절편
③ 꿀편　　　　　④ 승검초편

18

어린순을 멥쌀가루와 섞어 거피팥고물을 얹어 찐 떡으로 주로 사월 초파일에 먹던 떡의 이름은?

① 봉치떡　　　　② 느티떡
③ 화전　　　　　④ 무시루떡

19

전통 두텁떡에 대한 설명으로 틀린 것은?

① 쌀가루를 간장으로 간을 한다.
② 궁중의 대표적인 떡이다.
③ 합병 또는 봉우리떡이라고도 한다.
④ 쌀 5kg에 소금 10g 정도가 적당하다.

20

모듬백이떡이라고도 하며, 썰어 놓은 모양이 '편육을 썰어 놓은 것 같다'고 해서 붙여진 이름의 떡은?

① 쇠머리떡　　　② 구름떡
③ 석이병　　　　④ 두텁떡

21

찌는 떡이 <u>아닌</u> 것은?

① 상화병   ② 증편
③ 석이병   ④ 좁쌀인절미

22

식품영업에 종사할 수 있는 감염병은?

① 결핵(비감염성)
② 콜레라
③ 화농성질환
④ 세균성이질

23

세균성 식중독을 예방하는 방법이 <u>아닌</u> 것은?

① 식품을 저온에 저장한다.
② 신선한 재료를 사용한다.
③ 위생곤충을 구제한다.
④ 해동된 식품은 다시 냉동 보관하여 사용한다.

24

저장을 잘못하여 쌀이 황색으로 착색된 현상과 거리가 먼 것은?

① 수분 함량 15% 이상에서 저장할 때 발생한다.
② 기후 조건 때문에 동남아시아 지역에서 곡류 저장 시 특히 문제가 된다.
③ 저장한 쌀에 곰팡이류가 오염되어 황변미로 착색된 것이다.
④ 황변미는 일시적인 현상이므로 위생적으로 무해하다.

25

감자가 썩었을 때 나오는 독성 물질은?

① 리신   ② 무스카린
③ 솔라닌   ④ 셉신

26

천연 식품첨가물에 해당하는 것은?

① 글루탐산나트륨   ② 사카린
③ 타르색소   ④ 치자

27

영양소와 칼로리의 연결이 틀린 것은?

① 단백질 – 6kcal/g
② 지방 – 9kcal/g
③ 탄수화물 – 4kcal/g
④ 알코올 – 7kcal/g

28

다음 중 발암성 물질로 인한 식중독과 관계가 <u>없는</u> 것은?

① 니트로소아민
② 벤조피렌
③ 다이옥신
④ 아니사키스

29

다음 중 「식품위생법」상 식품위생의 대상에 해당하지 <u>않</u>는 것은?

① 식품
② 기구
③ 식품첨가물
④ 조리사 개인위생

30

발색제로 사용하는 재료와 색의 연결이 옳은 것은?

① 대추고 – 보라색
② 승검초 – 초록색
③ 지초 – 노란색
④ 송기 – 검은색

31

실백에 대한 설명으로 옳은 것은?

① 딱딱한 껍질을 깐 알맹이 잣
② 잣을 가늘게 채 썬 것
③ 잣의 속껍질까지 벗긴 알맹이 잣
④ 잣을 반으로 가른 것

32

봄철에 쑥을 넣고 떡을 많이 하는 이유로 적절하지 **않은** 것은?

① 쌀의 산성이 중화된다.
② 쌀에 없는 비타민이 보충된다.
③ 쌀가루에 쑥을 섞어 떡을 하면 열량이 높아진다.
④ 떡의 수분 보유율이 증가하여 잘 굳지 않는다.

33

무에 대한 설명으로 **틀린** 것은?

① 떡에 섞어 찌면 디아스타아제라는 효소가 있어 소화율을 상승시킨다.
② 무 속이 껍질보다 비타민 C의 함량이 낮다.
③ 기침에 효과가 있다.
④ 동치미를 떡과 같이 먹으면 떡의 알칼리성을 중화시킨다.

34

백설기를 하려다가 검은콩이 있어 콩설기를 만들었을 때 영양적으로 보완이 되는 것은?

① 단백질   ② 탄수화물
③ 섬유소   ④ 비타민

35

발효시키는 떡이 **아닌** 것은?

① 증편   ② 상화병
③ 개성주악   ④ 웃지지

36

인체에 유익한 식품의 변질은?

① 산패   ② 부패
③ 변패   ④ 발효

37

곤떡, 호박떡, 햇보리개떡이 대표적인 지역은?

① 충청도   ② 강원도
③ 전라도   ④ 제주도

38

화전에 대한 설명으로 **틀린** 것은?

① 익반죽한다.
② 진달래가 없는 계절에는 대추와 쑥갓잎을 대신 얹어 지지기도 한다.
③ 메밀가루를 섞어 무르게 반죽하여 진달래와 노란 장미를 넣어 지지기도 한다.
④ 멥쌀가루를 이용하여 지진 떡이다.

39

요오드 용액에 의해 청색 반응을 일으키는 것은?

① 아밀로펙틴   ② 셀룰로스
③ 아밀로오스   ④ 키틴

40

식품위생의 목적이 **아닌** 것은?

① 식품 산업의 발전
② 위생상의 위해 방지
③ 식품영양의 질적 향상 도모
④ 국민 건강의 보호·증진

41

단맛의 강도 순서로 옳은 것은?

① 포도당 > 설탕 > 과당 > 맥아당
② 맥아당 > 과당 > 설탕 > 포도당
③ 과당 > 설탕 > 포도당 > 맥아당
④ 설탕 > 과당 > 맥아당 > 포도당

42

식물성 색소가 아닌 것은?

① 클로로필　　　　② 안토시아닌
③ 헤모글로빈　　　④ 플라보노이드

43

지지는 떡에 사용하는 기름으로 적당한 것은?

① 동물성 기름
② 유리지방산의 함량이 낮은 것
③ 융점이 높은 것
④ 발연점이 낮은 것

44

두류에 대한 설명으로 틀린 것은?

① 대두는 두류 중 단백질 함량이 높은 편이다.
② 트립신 저해 물질은 가열해도 파괴되지 않는다.
③ 두류는 양질의 단백질과 지방의 급원이다.
④ 채소류 성질을 띠는 두류도 있다.

45

떡에 고물을 묻히는 이유는?

① 떡의 탄력성을 높이기 위해
② 떡의 영양과 맛을 주기 위해
③ 떡의 점성을 증가시키기 위해
④ 떡의 호화를 막기 위해

46

수증기를 이용하여 멥쌀가루를 호화시킨 떡은?

① 화전　　　　　② 경단
③ 찹쌀부꾸미　　④ 백설기

47

다음 중 인수공통감염병이 아닌 것은?

① 결핵　　　　　② 파상열
③ 공수병　　　　④ 콜레라

48

떡의 부재료에 쓰이는 두류를 사용하는 방법으로 틀린 것은?

① 대두의 경우 1%의 소금물에 불려 사용하면 연화성과 흡습성이 높아진다.
② 데칠 때 0.3%의 식소다를 첨가하면 흡습성이 높아져 콩을 연하게 해 준다.
③ 조리 시간이 오래 걸리므로 가열 전 불려서 사용해야 할 두류는 충분히 불려 사용한다.
④ 콩을 불릴 때 경수를 사용한다.

49

떡 제조 시 소금을 넣는 시점으로 가장 적절한 것은?

① 쌀을 불릴 때
② 쌀을 빻을 때
③ 반죽을 찔 때
④ 반죽을 칠 때

50

농사가 활발하여 오늘날 떡 문화의 기틀을 만들었던 시대는?

① 신석기시대　　　② 원시 농경시대
③ 청동기시대　　　④ 삼국시대

51

쌀가루의 사용 중 익반죽에 대한 내용으로 **틀린** 것은?

① 설기떡은 뜨거운 물로 익반죽한다.
② 익반죽은 뜨거운 물로 반죽하는 것이다.
③ 송편 반죽은 뜨거운 물로 익반죽한다.
④ 익반죽하면 쌀가루 일부가 호화되어 성형이 용이하다.

52

다음 중 도구에 대한 설명으로 **틀린** 것은?

① 매판 - 흘러내린 곡물가루를 받아 내는 도구
② 돌확 - 돌로 만든 조그마한 절구로 곡물이나 양념 등을 찧거나 가는 데 사용하는 도구
③ 안반 - 떡에 문양을 찍는 도구
④ 동구리 - 버들가지를 엮어 만든 상자로 음식을 담아 나를 때 쓰는 도구

53

감염병 발생의 3대 요소가 **아닌** 것은?

① 병원소
② 병원체
③ 환경
④ 숙주

54

다음 설명 중 옳은 것은?

① 찬 시루떡은 전분이 호화된 것이다.
② 떡이 굳어 딱딱하게 된 것을 호정화되었다고 한다.
③ 전분의 입자에 상관없이 노화되는 속도가 같다.
④ 전분의 호화 시작 온도는 60℃이다.

55

찰떡으로만 묶인 것은?

① 화전, 색편, 부꾸미
② 갖은편, 백설기, 가래떡
③ 쇠머리떡, 상추떡, 인절미
④ 인절미, 두텁떡, 약식

56

꿀에 대한 설명으로 **틀린** 것은?

① 과당 함량이 적어 설탕보다 감미가 낮다.
② 과당(40%), 포도당(35%)이 함유되어 있다.
③ 과당은 설탕이나 꿀의 성분으로 당도가 포도당의 2.3배이다.
④ 설탕보다 향미가 강하고 수분 함량이 높다.

57

포도상구균의 장독소는?

① 뉴로톡신
② 베로톡신
③ 삭시톡신
④ 엔테로톡신

58

시루에 대한 설명으로 옳은 것은?

① 시룻밑 - 시루를 덮는 덮개
② 시룻방석 - 곡물이 시루 구멍을 통하여 밑으로 새지 않게 하는 도구
③ 시룻번 - 떡이 잘 익도록 시루 뚜껑에 바르는 반죽
④ 옹기시루 - 떡을 찌는 데 쓰는 오목한 질그릇

59

식품안전관리인증기준(HACCP)의 관리 절차 중 가장 마지막 단계는?

① 중요관리점 결정
② 문서화
③ 개선 조치
④ 모니터링

60

가래떡에 대한 설명으로 **틀린** 것은?

① 쌀, 물, 소금만을 넣어 만든다.
② 백탕 또는 병탕이라고 하여 설날 아침에 먹었다.
③ 가래떡을 만들어 하루 정도 말려 동그랗게 썰면 떡 국용 떡이 된다.
④ 치는 떡의 한 종류로, 찹쌀을 사용하여 만든다.

빠른 정답표

01	②	02	①	03	④	04	①	05	①
06	④	07	③	08	④	09	②	10	④
11	④	12	②	13	④	14	①	15	②
16	④	17	②	18	②	19	④	20	①
21	④	22	①	23	④	24	④	25	④
26	④	27	④	28	④	29	④	30	②
31	③	32	③	33	④	34	①	35	④
36	④	37	①	38	④	39	③	40	①
41	③	42	③	43	②	44	②	45	②
46	④	47	④	48	④	49	②	50	④
51	①	52	③	53	①	54	④	55	④
56	①	57	④	58	④	59	②	60	④

01　|정답| ②

두텁떡은 궁중떡으로 서울, 경기도의 향토떡이다.

02　|정답| ①

수수팥단자는 귀신이 붉은색을 싫어한다는 속신에서 비롯된 것으로 액막이의 의미가 있다.

03　|정답| ④

전분의 호화란 전분에 물을 넣고 60~65℃ 정도로 가열하면 전분 입자가 팽윤되고 전분 용액의 점성과 투명도가 증가하여 교질 용액이 형성되는 현상이다.

04　|정답| ①

수리취절편은 차륜병이라고도 하며 수레바퀴 모양의 바퀴처럼 잘 굴러가라는 의미가 있다.

05　|정답| ①

| 오답풀이 |
② 가래떡 – 멥쌀가루로 만든 둥글고 긴 막대기 모양의 떡
③ 절편 – 가래떡을 떡살로 눌러 문양을 내 문양 크기대로 잘라낸 떡
④ 약식 – 찹쌀을 찐 후 밤, 호박고지 등을 섞어 찐 떡

06　|정답| ④

금줄은 삼칠일(21일) 동안 대문에 친다.

07　|정답| ③

돌상에는 여아, 남아 구분 없이 천자문을 놓았다가 아기가 자란 다음 읽게 하였다. 남아 돌상에는 활, 화살을, 여아 돌상에는 색지, 자, 실을 놓는 풍습이 있다.

08　|정답| ④

백설기는 보통 돌까지 만들어 주며, 붉은 찰수수경단은 액막이의 의미로 열 살 생일 때까지 만들어 주는 풍습이 있다.

09　|정답| ②

| 오답풀이 |
① 토란병 – 토란을 삶아 으깨 찹쌀가루와 섞어 지진 떡
③ 남방감저병 – 말린 고구마가루와 찹쌀가루로 찐 떡
④ 칡개떡 – 충청도의 향토 떡으로 칡 전분으로 만든 떡

10　|정답| ④

붉은색은 귀신을 쫓아내고 액운을 막는 벽사를 의미한다.

11　|정답| ④

골무떡은 납일에 먹는 떡이다.

12　|정답| ②

| 오답풀이 |
① 차륜병은 단오에 먹는 떡이다.
③ 한식에는 쑥단자, 메밀면 등을 먹는다.
④ 증편, 주악은 삼복 또는 칠석날에 먹는 떡이다.

13 　　|정답| ④

조선시대에 농업 기술과 조리 기술이 발달하면서 떡의 종류가 다양하고 섬세하며 고급화되었다.

14 　　|정답| ①

두텁떡은 찐 거피팥에 간장과 꿀로 양념을 하여 볶은 것을 고물로 만든 떡이다.

15 　　|정답| ②

베네루핀은 모시조개, 바지락, 굴 등의 독소이다.

16 　　|정답| ④

무리떡은 설기떡을 의미한다.

17 　　|정답| ②

각색편은 백편, 꿀편, 승검초편 등이 있으며 갖은편이라고도 한다.

18 　　|정답| ②

| 오답풀이 |
① 봉치떡 – 혼례떡
③ 화전 – 삼짇날에 먹는 떡
④ 무시루떡 – 상달에 먹는 떡

19 　　|정답| ④

소금은 쌀 무게의 1.2~1.3% 정도 넣으므로 쌀 무게가 5kg이면 소금은 60~65g이 적당하다.

20 　　|정답| ①

| 오답풀이 |
② 구름떡 – 떡의 단면이 구름이 흩어진 모양 같다 하여 붙여진 이름
③ 석이병 – 멥쌀가루에 석이가루를 섞어 찐 떡
④ 두텁떡 – 찐 거피팥에 양념을 하여 볶은 것을 고물로 만든 떡

21 　　|정답| ④

좁쌀인절미는 치는 떡에 해당한다.

22 　　|정답| ①

결핵은 비감염성인 경우 식품영업에 종사할 수 있다.

23 　　|정답| ④

해동된 식품을 다시 냉동 보관하는 경우 세균성 미생물에 오염될 수 있다.

24 　　|정답| ④

황변미는 곰팡이의 발생으로 변질되어 누렇게 된 쌀로, 곰팡이 종류에 따라 간장 장애나 신장 장애, 빈혈을 일으킨다.

25 　　|정답| ④

| 오답풀이 |
① 리신 – 피마자
② 무스카린 – 광대버섯
③ 솔라닌 – 감자의 싹이나 푸른 부분

26 　　|정답| ④

| 오답풀이 |
① 글루탐산나트륨 – 아미노산과 혼합하여 맛의 상승 효과를 높이는 복합 화학조미료
② 사카린 – 설탕의 300~400배 단맛
③ 타르색소 – 독성이 강해 식품 사용에 있어 제한적인 착색제

27 　　|정답| ①

단백질은 4kcal/g의 열량을 낸다.

28 　　|정답| ④

아니사키스는 어패류에서 감염되는 기생충으로, 고래, 돌고래, 물개 등 바다의 포유류에 기생하는 회충을 말한다.

| 오답풀이 |
① 니트로소아민 – 식품 속에 있는 아질산염(발색제), 태운 고기 식품의 아민과 반응하여 생성되는 발암성 물질
② 벤조피렌 – 태운 고기, 훈제육에서 생성되는 발암성 물질
③ 다이옥신 – 석탄과 석유 사용 시 발생하는 발암성 물질

29 　　|정답| ④

「식품위생법」상 식품위생의 대상에는 식품, 식품첨가물, 기구 또는 용기·포장 등이 있다.

30 　　|정답| ②

| 오답풀이 |
① 대추고 – 갈색
③ 지초 – 붉은색
④ 송기(소나무의 속껍질) – 갈색

31　|정답| ③

실백은 잣의 속껍질까지 벗긴 알맹이 잣이다.

32　|정답| ③

쑥을 넣으면 식이섬유가 많아져 열량이 낮아진다.

33　|정답| ④

떡은 탄수화물로, 산성 식품에 해당하며 동치미와 같이 먹으면 떡의 산성을 중화시킨다.

34　|정답| ①

콩에는 글리시닌(단백질)이 많이 함유되어 있어 쌀에 부족한 단백질을 보완할 수 있다.

35　|정답| ④

웃지지는 익반죽한 찹쌀가루에 소를 넣어 기름에 지져낸 떡이다.

| 오답풀이 |
① 증편 – 멥쌀가루에 막걸리로 반죽하여 부풀려 찐 떡
② 상화병 – 밀가루를 누룩이나 막걸리로 반죽하여 부풀려 찐 떡
③ 개성주악 – 막걸리를 넣은 가루 반죽을 빚어 기름에 지져낸 떡

36　|정답| ④

| 오답풀이 |
① 산패 – 유지의 변질
② 부패 – 단백질 식품의 변질
③ 변패 – 탄수화물, 지방의 변질

37　|정답| ①

| 오답풀이 |
② 강원도 – 감자떡, 감자경단, 찰옥수수떡, 메밀전병 등
③ 전라도 – 감시루떡, 감찰떡, 웃기떡, 섭전 등
④ 제주도 – 오메기떡, 빙떡, 도래떡, 상애떡 등

38　|정답| ④

화전은 찹쌀가루를 사용한다.

39　|정답| ③

멥쌀(아밀로오스 20%+아밀로펙틴 80%)은 요오드 용액에 의해 청색이 나타나고, 찹쌀(아밀로펙틴 100%)은 적자색이 나타난다.

40　|정답| ①

식품위생과 식품 산업의 발전은 관련이 없다.

41　|정답| ③

단맛의 강도는 '과당 > 전화당 > 자당(설탕) > 포도당 > 맥아당 > 갈락토오스 > 유당' 순이다.

42　|정답| ③

헤모글로빈은 혈액의 색을 내는 동물성 색소에 해당한다.

43　|정답| ②

지지는 떡에 사용하는 기름은 융점이 낮고 발연점이 높은 식물성 기름이 좋다. 유리지방산의 함량이 높은 것은 자주 사용하여 이물질이 섞여 있거나 오래된 기름이다.

44　|정답| ②

트립신 저해 물질은 단백질 흡수를 방해하는 물질로, 가열하면 파괴된다(예 두부).

45　|정답| ②

고물은 떡의 영양과 맛을 보완해 주고 수분 증발을 막아 준다.

46　|정답| ④

백설기는 수증기를 이용하여 찌는 떡이다.

47　|정답| ④

콜레라는 제2급 법정감염병이다.

48　|정답| ④

경수는 센물로 지하수, 우물물 등이 해당한다. 콩을 불릴 때 경수를 사용하면 칼슘이나 마그네슘이 콩의 단백질의 변성을 일으켜 쉽게 물러지지 않는다.

49　|정답| ②

떡 제조 시 소금은 쌀을 빻을 때 넣으며, 쌀 무게의 1.2~1.3%가 적절하다.

50 |정답| ④

삼국시대에 쌀을 중심으로 한 농경이 발달하여 오늘날 떡 문화의 기틀을 만들었다.

51 |정답| ①

설기떡은 찬물을 주어 체에 내린다.

52 |정답| ③

안반은 인절미와 같은 떡을 칠 때 쓰는 도구이며, 떡에 문양을 찍는 도구는 떡살(떡손)이다.

53 |정답| ①

병원소는 전파될 수 있는 상태로 저장되는 장소를 의미한다. 감염병 발생의 3대 요소는 병원체, 환경, 숙주이다.

54 |정답| ④

| 오답풀이 |
① 찬 시루떡은 전분이 노화된 것이다.
② 떡이 굳어 딱딱하게 된 것을 노화되었다고 한다.
③ 전분의 입자가 작을수록 노화되는 속도가 빠르다.

55 |정답| ④

| 오답풀이 |
색편, 백설기, 가래떡, 상추떡은 멥쌀가루가 주재료인 메떡에 해당한다.

56 |정답| ①

꿀은 설탕보다 과당 함량이 높아 결정이 생기지 않는 액상 형태이다.

57 |정답| ④

| 오답풀이 |
① 뉴로톡신 – 클로스트리디움 보툴리눔균, 신경독
② 베로톡신 – 대장균, O-157:H7 독소
③ 삭시톡신 – 섭조개, 검은 조개, 홍합 독소

58 |정답| ④

| 오답풀이 |
① 시룻밑 – 시루 바닥에 깔아 구멍을 막는 깔개
② 시룻방석 – 시루를 덮는 덮개
③ 시룻번 – 시루와 솥 사이에서 김이 새지 않도록 바르는 반죽

59 |정답| ②

HACCP의 7원칙은 '위해요소 분석 → 중요관리점 결정 → 한계관리기준 설정 → 모니터링 체계 확립 → 개선 조치 방법 수립 → 검증 절차 및 방법 수립 → 문서화, 기록 유지 방법 설정' 순이다.

60 |정답| ④

가래떡은 멥쌀을 사용한 떡이다.

01

결혼, 환갑 등 큰 잔치를 축하하기 위해 떡, 과자류를 높이 쌓아서 차리는 상의 이름으로 **틀린** 것은?

① 고임상 ② 고배상
③ 망상 ④ 입맷상

02

신라 소지왕 때 임금의 생명을 구해준 까마귀의 은혜를 갚기 위해 만들었다는 음식은?

① 율고 ② 약과
③ 약식 ④ 고려병

03

트랜스지방은 식물성 기름에 무엇을 첨가한 것인가?

① 수소 ② 산소
③ 질소 ④ 단백질

04

중온균 세균이 자랄 수 있는 최적 온도는?

① 15~25℃ ② 25~37℃
③ 40~55℃ ④ 57~72℃

05

오복(五福)이란 인생에서 바람직하다고 여겨지는 다섯 가지 복을 의미하는데 「상서(尙書)」, 「홍범(洪範)」에서 말하는 오복이란 무엇인가?

① 장수, 부귀, 강녕, 유호덕, 고종명
② 장수, 부귀, 귀, 강녕, 자손중다(子孫衆多)
③ 장수, 부귀, 강녕, 이(齒), 처
④ 장수, 강녕, 귀, 이(齒), 처

06

돌상에 올리는 오색송편의 의미로 옳은 것은?

① 우주만물과의 조화를 의미한다.
② 신성한 백색무구함을 의미한다.
③ 붉은색이 액(厄)을 물리친다는 토속적인 믿음에서 비롯한 풍습이다.
④ 끈기 있는 사람이 되기를 바라는 의미이다.

07

책례 의식을 행할 때 만들어 먹었던 떡은?

① 작은 오색송편 ② 노비송편
③ 삭일송편 ④ 오려송편

08

삼짇날에 대한 내용으로 **틀린** 것은?

① 삼사일 또는 중삼절이라고 하고, 음력 3월 1일을 말한다.
② 춘삼월에 남녀노소가 즐겼던 화전놀이(화유놀이)가 있었다.
③ 진달래꽃을 찹쌀가루와 섞어 반죽하여 지진 꽃전을 즐겨 먹었다.
④ 화전은 「동국세시기」에 화면과 함께 삼짇날 으뜸 음식이라 하였다.

09

추석의 풍습에 대한 내용으로 **틀린** 것은?

① 추석은 한가위, 중추, 중추절, 가배라고도 부르는 한국의 전통적인 명절이다.
② 추석 전에 벌초를 하고, 추석날 아침에는 종가에서 햅쌀과 햇과일로 조상들께 감사의 마음으로 차례를 지내며, 이후에 성묘를 한다.
③ 올벼로 빚은 오려송편과 토란국은 추석에 먹는 계절 절식이다.
④ 햇벼가 익으면 흰쌀로만 백설기를 만들어 사당에 천신하고 먹었다.

10

'약(藥)'자가 들어가는 음식의 의미로 옳은 것은?

① 순수한 재료의 맛을 즐기는 음식이다.
② 향신료가 듬뿍 들어간 음식이다.
③ 꿀 등이 들어가 건강을 기원하는 음식이다.
④ 먹으면 치료가 되는 음식이다.

11

지방 향토떡의 연결이 틀린 것은?

① 황해도 – 오쟁이떡
② 전라도 – 꽃송편
③ 강원도 – 보리떡
④ 함경도 – 꼬장떡

12

당류 중 가장 단맛이 강하고 결정화되지 않는 것은?

① 포도당
② 과당
③ 자당
④ 맥아당

13

자연독 식중독의 원인 식품과 독성 물질을 바르게 연결한 것은?

① 매실 – 아미그달린
② 복어 – 베네루핀
③ 피마자 – 셉신
④ 독미나리 – 삭시톡신

14

삼색별편이 아닌 것은?

① 송기편
② 송화편
③ 흑임자편
④ 매실백편

15

돼지고기와 관련 없는 기생충은?

① 선모충
② 무구조충
③ 갈고리촌충
④ 유구조충

16

고치떡에 대한 설명으로 틀린 것은?

① 찹쌀가루로 만든다.
② 여러 색을 들여 누에고치 모양으로 만든 떡이다.
③ 막 잠이 든 누에를 잠박에 올려 고치 짓기를 기다리며 만들던 떡이다.
④ 양잠이 잘 되기를 기원하고 양잠하는 사람의 노고를 위로하는 뜻이 담겨 있다.

17

느티떡에 대한 설명으로 틀린 것은?

① 연한 느티나무 잎을 따서 멥쌀가루와 섞어 찐 시루떡이다.
② 추석에 만들어 다음 보름 때까지 먹는 떡이다.
③ 유엽병이라고도 한다.
④ 느티떡은 찌는 떡이다.

18

익반죽한 찹쌀가루에 꽃잎을 얹어 기름에 지지는 떡은?

① 화전
② 감떡
③ 토란병
④ 석류병

19

식품위생의 행정업무를 담당하는 기관은?

① 환경부
② 고용노동부
③ 보건복지부
④ 식품의약품안전처

20

상달에 대한 설명으로 틀린 것은?

① 풍년을 바라는 의미로 노비들 나이에 맞게 나이떡을 만들어 나누어 먹었다.
② 1년 중 가장 으뜸으로 여기는 달로 그 해의 추수와 수확을 감사하여 제사를 지낸다.
③ 팥시루떡, 무시루떡, 애단자, 밀단고를 만들어 먹었다.
④ 상달의 무오일(茂午日)에는 팥시루떡을 시루째 마구간에 놓고 말의 무병을 빌었다.

21

수리취절편에 대한 설명으로 <u>틀린</u> 것은?

① 수리취 잎은 억센 것이 향이 좋아 쓰기에 좋다.
② 차륜병이라고도 하며, 수레바퀴 문양이 있다.
③ 주로 단오에 만들어 먹는다.
④ 수리취는 여러해살이풀이다.

22

합성 플라스틱 용기에서 용출되는 유해 물질은?

① 메탄올   ② 포르말린
③ 수은   ④ 카드뮴

23

보존료의 일종인 프로피온산나트륨, 프로피온산칼슘을 사용하는 식품이 <u>아닌</u> 것은?

① 빵   ② 떡
③ 케이크   ④ 과자

24

4가지 기본적인 맛과 거리가 <u>먼</u> 것은?

① 단맛   ② 신맛
③ 쓴맛   ④ 떫은맛

25

주방의 공기를 환기시켜야 하는 이유로 <u>틀린</u> 것은?

① 열기의 제거
② 수증기의 제거
③ 냄새의 제거
④ 위생곤충의 제거

26

식품 보관 창고의 조건으로 <u>틀린</u> 것은?

① 해충 침입 방지 설비
② 식품과 잡품 및 소독제 동일 보관 설비
③ 선반 또는 보관 용기
④ 통풍 및 환기 설비

27

조리사가 손을 소독할 때 사용하기에 가장 적절한 것은?

① 역성비누   ② 크레졸
③ 석탄산   ④ 과산화수소

28

냉장고 사용법에 대한 설명으로 <u>틀린</u> 것은?

① 조리된 식품은 제일 아래 칸에 보관한다.
② 식품의 수분이 건조되므로 밀봉해서 보관한다.
③ 열고 닫는 횟수를 가능한 줄인다.
④ 더운 음식은 식혀 냉장고에 보관한다.

29

경구감염병 중 세균의 감염에 의해 일어나는 것은?

① 인플루엔자
② 후천성면역결핍증
③ 유행성일본뇌염
④ 콜레라

30

「식품위생법」에 규정된 허위표시 또는 과대광고에 해당하지 <u>않는</u> 것은?

① '최고' 또는 '가장 좋은' 등의 표현
② 제품의 영양 성분 표시
③ 질병치료의 효능 표시
④ '주문 쇄도' 또는 '단체 추천' 등의 표현

31

식품 포장에 사용 빈도가 가장 높은 것은?

① 폴리스티렌(PS)
② 폴리염화비닐리덴(PVDC)
③ 폴리프로필렌(PP)
④ 폴리에틸렌(PE)

32

생전분을 가열했을 때 α−전분으로 바뀌는 현상을 무엇이라고 하는가?

① 산화
② 호화
③ 노화
④ 유화

33

식품의 오염 정도를 파악할 수 있는 분변 오염의 지표균은?

① 장티푸스
② 살모넬라
③ 비브리오균
④ 대장균

34

팥고물시루떡(켜떡)을 만들 때 사용하는 재료로 적합하지 <u>않은</u> 것은?

① 멥쌀가루
② 붉은팥고물
③ 녹두고물
④ 소금, 설탕

35

색소의 연결이 틀린 것은?

① 녹색 – 쑥, 클로렐라 분말, 뽕잎
② 붉은색 – 지초, 백년초, 오미자
③ 검은색 – 흑임자, 석이, 흑미
④ 갈색 – 울금, 송화, 황매화

36

수수의 떫은맛 성분은?

① 진저롤
② 카페인
③ 캡사이신
④ 탄닌

37

찌는 떡으로만 짝지어진 것은?

① 고치떡, 산병, 당귀떡
② 혼돈병, 두텁떡, 석이병
③ 인절미, 석탄병, 백설기
④ 송편, 수수부꾸미, 석류병

38

감가루를 섞어 자줏빛이 나고, 삼키기 안타까울 정도로 맛있다 하여 붙여진 이름의 떡은?

① 석탄병
② 당귀떡
③ 혼돈병
④ 신과병

39

붉은색을 내는 재료로 적절하지 <u>않은</u> 것은?

① 오미자
② 비트
③ 생딸기
④ 샤프란

40

「식품위생법」상 식품위생의 대상이 되지 <u>않는</u> 것은?

① 의약품
② 식품 및 식품첨가물
③ 식품 용기 및 포장
④ 식품기구

41

노화에 대한 설명으로 **틀린** 것은?

① 밥을 오래 두면 굳어지는 현상을 말한다.
② 수분 함유량이 30~60%일 때 노화 현상이 잘 일어난다.
③ 노화 현상은 온도 0~4℃일 때 가장 잘 일어난다.
④ β-전분이 α-전분으로 변하는 것을 말한다.

42

식품이 부패할 때 만들어지는 물질이 **아닌** 것은?

① 글리코젠
② 암모니아
③ 트리메틸아민
④ 아민

43

오메기떡은 어느 지역의 떡인가?

① 강원도
② 충청도
③ 제주도
④ 함경도

44

식품 1g당 초기부패의 세균 수로 적절한 것은?

① 10^4
② 10^5
③ 10^7
④ 10^9

45

햅쌀로 빚은 송편을 무엇이라고 하는가?

① 오려송편
② 꽃송편
③ 오색송편
④ 노비송편

46

녹두부침을 다른 말로 무엇이라고 하는가?

① 기단가오
② 송풍병
③ 서여향병
④ 빈자떡

47

멥쌀가루를 이용한 떡이 **아닌** 것은?

① 백설기
② 인절미
③ 상추떡
④ 절편

48

치는 떡이 **아닌** 것은?

① 단자
② 개피떡
③ 메밀총떡
④ 가래떡

49

소독제와 살균제의 구비 조건으로 적절한 것은?

① 사용법이 까다로운 것
② 사용 후 냄새가 오래 지속되는 것
③ 살균력이 강한 것
④ 용해도가 낮은 것

50

찬물을 넣어 반죽하는 떡 반죽의 명칭은?

① 익반죽
② 따뜻한 물 반죽
③ 끓는 물 반죽
④ 날반죽

51

떡의 분류가 잘못 짝지어진 것은?

① 찌는 떡 - 백설기, 신과병, 상화
② 치는 떡 - 인절미, 가래떡, 두텁떡
③ 빚는 떡 - 송편, 경단, 쑥개떡
④ 지지는 떡 - 화전, 웃지지, 부꾸미

52

노화가 가장 빨리 일어나는 떡은?

① 찹쌀떡　　　　　② 백설기
③ 화전　　　　　　④ 인절미

53

치는 떡을 만들 때 사용하는 조리기구로 적절하지 않은 것은?

① 절굿공이　　　　② 안반
③ 절구　　　　　　④ 번철

54

찹쌀의 특성으로 가장 옳지 않은 것은?

① 비타민 B_1의 함량이 백미보다 3배 가량 많다.
② 식이섬유가 풍부하다.
③ 비타민 E의 함량이 백미보다 높다.
④ 아밀로오스 함량이 20% 함유되어 있다.

55

다음 빈칸에 들어갈 말은?

> 아밀로오스는 요오드 용액과 만나면 (　　)으로 변한다.

① 노란색　　　　　② 적자색
③ 청색　　　　　　④ 검은색

56

물에 불린 곡류를 갈 때 맷돌 밑에 받쳐 그릇 위에 걸쳐 사용하는 도구는?

① 쳇다리　　　　　② 맷지게
③ 채반　　　　　　④ 겅그레

57

날콩 속에 존재하는 특수 성분으로 소화를 방해하는 물질은?

① 안티트립신　　　② 펩신
③ 글리시닌　　　　④ 청산배당체

58

고명을 만드는 방법으로 틀린 것은?

① 대추채는 대추를 면포에 닦은 후 돌려깎기하여 밀대로 밀어 채 썬다.
② 밤채는 밤의 겉껍질과 속껍질을 벗겨 낸 뒤 설탕물에 담갔다가 건져 물기를 제거한 후 곱게 채 썬다.
③ 석이채는 석이를 차가운 물에 살짝 씻어 물기를 제거하여 말린 후 곱게 채 썬다.
④ 잣은 고깔을 떼어 내고 마른 면포에 닦아 한지나 종이 위에 올려 놓고 다져 사용한다.

59

식품의 부패 및 변질을 일으키는 주원인은?

① 농약　　　　　　② 기생충
③ 미생물　　　　　④ 자연독

60

과일이나 채소의 신선도를 유지하기 위해 사용하는 첨가물은?

① 유화제　　　　　② 호료
③ 소포제　　　　　④ 피막제

빠른 정답표

01	④	02	③	03	①	04	②	05	①
06	①	07	①	08	①	09	④	10	③
11	③	12	②	13	①	14	④	15	②
16	①	17	②	18	①	19	④	20	①
21	②	22	①	23	②	24	④	25	④
26	②	27	①	28	①	29	④	30	②
31	④	32	②	33	④	34	③	35	④
36	④	37	②	38	①	39	④	40	①
41	④	42	①	43	③	44	③	45	①
46	④	47	②	48	③	49	③	50	④
51	②	52	②	53	④	54	④	55	③
56	①	57	①	58	③	59	③	60	④

01 |정답| ④

입맷상은 잔치 때 큰 상을 받기 전에 간단히 차려 대접하는 음식상으로 주안상이라고도 한다.

02 |정답| ③

약식은 신라 소지왕 때 임금의 생명을 구해준 까마귀의 은혜를 갚기 위해 만든 것으로 유래한다.

| 오답풀이 |
① 율고 – 고려시대의 밤설기떡을 부르는 말
② 약과 – 유밀과 중 하나로 조선시대의 대표적인 기호식품
④ 고려병 – 고려에서 만들어 먹던 유밀과를 부르는 말

03 |정답| ①

트랜스지방은 액상 기름에 니켈을 촉매제로 수소를 첨가하여 수소화하는 과정에서 일부 발생한 지방(마가린, 쇼트닝)이다.

04 |정답| ②

• 저온균 – 0~25℃(최적 온도 10~20℃)
• 중온균 – 15~55℃(최적 온도 25~37℃)
• 고온균 – 40~70℃(최적 온도 50~60℃)

05 |정답| ①

오복이란 장수, 부귀, 강녕, 유호덕, 고종명을 뜻한다. 유호덕은 덕을 쌓고 선행을 하는 것을 의미하고, 고종명은 일생 동안 편히 살다가 천수를 누리는 것을 의미한다.

06 |정답| ①

돌상에는 오색송편(우주만물과의 조화), 백설기(무병장수, 신성함), 붉은 찰수수경단(액막이), 인절미(끈기 있는 사람) 등을 올린다.

07 |정답| ①

오색송편의 속이 꽉 찬 것은 학문적인 성과에 대한 기원을, 속이 빈 것은 겸손에 대한 당부를 의미한다.

| 오답풀이 |
②, ③ 노비송편은 음력 2월 초하루에 빚은 송편으로 삭일송편이라고도 한다.
④ 오려송편은 추석에 햅쌀(올벼)로 빚은 송편이다.

08 |정답| ①

삼짇날은 음력 3월 3일이다.

09 |정답| ④

④는 칠석의 시절식에 대한 내용이다.

10 |정답| ③

약(藥)은 약과 같은 몸에 이로운 음식을 뜻하며, 꿀이 들어간 음식인 약식, 약과 등에 약(藥)자를 사용한다.

11 |정답| ③

보리떡은 전라도의 향토떡이다.

12

|정답| ②

과당은 과일의 단맛을 내는 당으로 당류 중 단맛이 가장 강하다.

13

|정답| ①

| 오답풀이 |
② 복어 – 테트로도톡신
③ 피마자 – 리신
④ 독미나리 – 시큐톡신

14

|정답| ④

삼색별편은 세 가지 색의 특별한 맛이라는 뜻으로 송기편, 송화편, 흑임자편이 있다. 매실백편은 매실 설탕 절임이 들어간 떡이다.

15

|정답| ②

무구조충은 소고기로 감염되는 기생충이다.

16

|정답| ①

고치떡은 멥쌀가루로 만든 전라도 향토떡이다.

17

|정답| ②

느티떡은 사월 초파일에 먹는 떡이다.

18

|정답| ①

화전은 익반죽한 찹쌀가루를 동그랗고 납작하게 만든 후 꽃잎을 얹어 기름에 지지는 떡으로, 꽃 대신 대추와 쑥갓을 이용하기도 한다.

19

|정답| ④

식품의약품 의료기기, 화장품, 의약외품, 위생용품, 마약 등의 안전에 관한 사무를 포함한 식품위생 행정업무는 「식품위생법」에 기초를 두고 식품의약품안전처에서 담당한다.

20

|정답| ①

중화절은 농사철의 시작을 알리는 시점으로 그 해 풍년을 바라는 의미가 담겨 있으며, 노비송편에는 노비들에게 송편을 만들어 나이에 맞게 나누어 주는 격려의 의미가 담겨 있다.

21

|정답| ①

수리취 잎은 봄에 돋는 어린 잎을 사용한다.

22

|정답| ②

| 오답풀이 |
① 메탄올 – 정제가 불충분한 증류주 등에 함유된 유독 성분
③ 수은 – 미나마타병의 원인 물질인 중금속
④ 카드뮴 – 이타이이타이병의 원인 물질인 중금속

23

|정답| ②

프로피온산나트륨, 프로피온산칼슘은 빵, 케이크, 과자 등에 사용하는 보존료이다.

24

|정답| ④

기본적인 맛(4원미)은 단맛, 짠맛, 신맛, 쓴맛이다.

25

|정답| ④

위생곤충을 제거하기 위해서는 방충망을 설치하거나, 서식지를 제거해야 한다.

26

|정답| ②

식품은 잡품 등과 분리된 공간에 보관해야 한다.

27

|정답| ①

| 오답풀이 |
② 크레졸 – 오물, 손 소독에 사용하고 소독력이 석탄산보다 강하며, 냄새도 강하다.
③ 석탄산 – 살균력의 기준으로 삼는 소독 물질이다.
④ 과산화수소 – 피부, 입 안의 상처 소독에 사용한다.

28

|정답| ①

조리된 음식은 맨 위 칸에 보관해야 한다.

29

|정답| ④

경구감염병은 오염된 식품, 손, 식기류 등에 의해 세균이 입을 통해 체내로 침입하는 소화기계 감염병(콜레라, 장티푸스, 세균성이질 등)이다.

30

|정답| ②

제품의 영양 성분은 「식품위생법」상 표시해야 하는 사항이다.

31
|정답| ④

폴리에틸렌(PE)은 열가소성 플라스틱 소재로, 페트병 등의 주원료이며 가장 많이 사용하는 식품 포장재이다.

32
|정답| ②

생전분을 β－전분이라고 하고, 호화된 전분을 α－전분이라고 한다.

33
|정답| ④

식품이나 수질의 분변 오염 지표 세균은 대장균이다.

34
|정답| ③

팥고물시루떡이므로 녹두고물은 사용하지 않는다.

35
|정답| ④

울금, 송화, 황매화는 노란색 색소로 사용된다. 갈색을 내는 색소에는 계핏가루, 코코아가루, 도토리가루, 송기 등이 있다.

36
|정답| ④

수수는 떫은맛을 내는 탄닌을 제거하기 위해 물을 갈아 가며 씻어 사용한다.

| 오답풀이 |
① 진저롤 – 생강
② 카페인 – 커피
③ 캡사이신 – 고추

37
|정답| ②

| 오답풀이 |
• 고치떡, 송편 – 빚는 떡
• 산병, 인절미 – 치는 떡
• 수수부꾸미, 석류병 – 지지는 떡

38
|정답| ①

| 오답풀이 |
② 당귀떡 – 승검초가루를 멥쌀가루와 켜로 넣고 찌는 떡
③ 혼돈병 – 찹쌀가루에 밤채, 대추채를 섞어 찌는 떡
④ 신과병 – 쌀가루에 과일을 넣고 녹두고물을 올려 찌는 떡

39
|정답| ④

샤프란은 노란색을 낸다.

40
|정답| ①

「식품위생법」상 식품이란 모든 음식물을 말한다. 다만, 의약품으로 섭취하는 것은 제외한다.

41
|정답| ④

노화는 α－전분이 β－전분으로 변하는 현상이다.

42
|정답| ①

글리코겐은 간에 저장되는 포도당 중합체이다.

43
|정답| ③

오메기떡은 제주도의 대표적인 향토떡이다.

44
|정답| ③

식품 1g당 초기부패 세균 수는 $10^7 \sim 10^8$이다.

45
|정답| ①

| 오답풀이 |
② 꽃송편 – 전라도의 향토떡
③ 오색송편 – 우주만물과 조화를 뜻하며, 백일이나 돌상에 올리는 떡
④ 노비송편 – 음력 2월 1일 중화절에 노비들에게 나누어 주던 송편

46
|정답| ④

| 오답풀이 |
① 기단가오 – 메조가루에 대추, 통팥을 섞어 찐 떡
② 송풍병 – 찹쌀가루에 부재료(꿀, 계핏가루 등)를 섞어 반죽하여 기름에 지진 떡
③ 서여향병 – 마를 이용하여 지진 떡

47
|정답| ②

인절미는 찹쌀가루로 만든 떡이다. 멥쌀가루를 이용한 떡에는 백설기, 상추떡, 절편, 가래떡, 무지개떡(색편), 송편, 석탄병, 복령떡, 색떡 등이 있다.

48
|정답| ③

메밀총떡은 지지는 떡에 해당한다. 단자는 쳐서 삶는 떡이므로 치는 떡에 해당한다.

49 |정답| ③

| 오답풀이 |
① 사용법이 간편한 것
② 사용 후 냄새가 빨리 증발되는 것
④ 용해도가 높은 것

50 |정답| ④

날반죽은 찬물을 넣어 반죽하는 방법으로, 익반죽에 비해 반죽이 잘 뭉쳐지지 않아 반죽 시 많이 치대야 한다.

51 |정답| ②

두텁떡은 찌는 떡에 해당한다.

52 |정답| ②

멥쌀(아밀로오스 20%+아밀로펙틴 80%)은 찹쌀(아밀로펙틴 100%)보다 노화가 빠르다. 멥쌀가루로 만든 떡에는 백설기, 가래떡, 무지개떡, 절편 등이 있다.

53 |정답| ④

번철은 지지는 떡을 만들 때 쓰는 도구이다.

54 |정답| ④

찹쌀은 아밀로펙틴 100%로 구성되어 있다.

55 |정답| ③

아밀로오스는 요오드 용액과 만나면 청색으로 변한다.

56 |정답| ①

| 오답풀이 |
② 맷지게 – 맷돌을 돌릴 때 맷손을 긴 막대기에 걸어서 돌리게 만든 장치
③ 채반 – 기름에 지진 화전이나 빈대떡을 식히고, 전류는 기름이 빠지게 늘어 놓을 때 사용하는 도구
④ 겅그레 – 시루가 물에 잠기지 않도록 받침으로 걸쳐 놓는 나뭇가지

57 |정답| ①

| 오답풀이 |
② 펩신 – 위에 있는 단백질 분해 효소
③ 글리시닌 – 콩 단백질
④ 청산배당체 – 매실 등의 미숙한 과실에 함유된 독성 물질

58 |정답| ③

석이채는 석이버섯을 물에 불려 손질한 후 곱게 채 썰어 사용한다.

59 |정답| ③

식품의 변질을 일으키는 요인에는 미생물(곰팡이, 효모 등)이 있다.

60 |정답| ④

피막제는 과일이나 채소의 표면에 피막을 형성하여 호흡 및 수분 증발을 막아 저장성을 증대시킨다.

| 오답풀이 |
① 유화제 – 혼합되지 않는 두 종류의 액체 또는 고체를 섞어 준다.
② 호료 – 식품의 촉감을 향상시킨다.
③ 소포제 – 거품을 제거하기 위해 사용한다.

01

화전 위에 장식하는 꽃으로 적절하지 <u>않은</u> 것은?

① 국화　　　　　　② 진달래꽃
③ 배꽃　　　　　　④ 철쭉꽃

02

고구마를 껍질째 씻어 말려 가루를 만들어 찹쌀가루와 함께 찐 떡은?

① 남방감저병　　　② 구선왕도고
③ 당귀주악　　　　④ 복령조화고

03

인절미 제조 시 사용하는 도구에 해당하지 <u>않는</u> 것은?

① 절구　　　　　　② 떡살
③ 안반　　　　　　④ 떡메

04

떡 반죽의 특징으로 옳은 것은?

① 많이 치댈수록 공기가 포함되어 부드럽고 식감이 좋다.
② 많이 치대면 글루텐이 형성되어 식감이 좋아진다.
③ 날반죽할 때 물의 온도가 낮으면 점성이 생겨 성형이 용이하다.
④ 쑥이나 견과류 등을 섞어 반죽하면 노화 속도가 빨라진다.

05

식품을 조리할 때 발생하는 재해 형태에 해당하지 <u>않는</u> 것은?

① 미끄러짐　　　　② 화상
③ 칼에 베임　　　　④ 두통

06

재료를 계량하는 방법으로 적절한 것은?

① 액체 재료를 계량할 때에는 투명한 재질로 만들어진 계량기구를 사용하는 것이 좋다.
② 계량스푼 1큰술은 5mL이다.
③ 저울을 사용할 때에는 높은 곳에 올려 놓고 0점을 맞춘 후 사용한다.
④ 가루 재료 계량 시 꼭꼭 눌러 계량한다.

07

손을 씻을 때 위생적으로 가장 안전한 물은 무엇인가?

① 담겨 있는 따뜻한 지하수
② 담겨 있는 시원한 수돗물
③ 흐르는 따뜻한 수돗물
④ 흐르는 시원한 지하수

08

은절병은 무슨 떡인가?

① 단자　　　　　　② 인절미
③ 절편　　　　　　④ 증편

09

서속떡과 관련 있는 곡물은?

① 통과 보리　　　　② 귀리와 메밀
③ 율무와 팥　　　　④ 기장과 조

10

시루떡에 대한 설명으로 <u>틀린</u> 것은?

① 찹쌀, 멥쌀에 따라서 찰시루떡, 메시루떡으로 분류된다.
② 설기류는 쌀가루만을 찐 떡을 의미한다.
③ 시루떡은 찌는 떡의 총칭이며 증병이라고도 한다.
④ 시루떡의 종류에는 콩설기, 쇠머리떡 등이 있다.

11

화농성질환을 가진 조리사가 조리한 식품을 섭취하고 3시간 정도 후에 구토, 설사, 심한 복통 증상을 유발하는 식중독을 일으키는 미생물은?

① 노로바이러스
② 살모넬라균
③ 장염비브리오균
④ 황색포도상구균

12

노화 지연 방법으로 틀린 것은?

① 수분 함량을 10~15% 이하로 감소시킨다.
② 60℃ 이상에서 보온처리한다.
③ 설탕이나 유화제를 첨가한다.
④ 냉장 보관한다.

13

약밥 제조에 대한 설명으로 틀린 것은?

① 간장과 양념이 고루 섞이도록 버무린다.
② 찹쌀을 처음 찔 때 충분히 쪄서 간과 색이 잘 배도록 한다.
③ 불린 찹쌀을 처음부터 부재료와 간장, 설탕, 참기름 등을 넣고 한꺼번에 쪄낸다.
④ 1차로 찐 찹쌀에 양념을 한 후 중탕하여 갈색이 나게 한다.

14

오려송편에 대한 설명으로 옳은 것은?

① 송편을 고일 때 얹는 색송편이다.
② 올벼로 빚은 송편이다.
③ 묵은 쌀로 빚은 송편이다.
④ 떡가루를 익혀 쳐서 빚는 송편이다.

15

루틴의 함유량이 높아 혈관을 건강하게 하고 동맥경화를 예방하는 효과가 있는 곡류는?

① 쌀
② 보리
③ 메밀
④ 밀

16

봉채떡에 대한 설명으로 틀린 것은?

① 멥쌀가루로 만든다.
② 밤을 1개 올린다.
③ 2단으로 켜를 만든다.
④ 시루에 찌는 떡이다.

17

혼례 의식 중 납폐일에 함을 받을 때 신부집에서 준비하는 떡은?

① 은절병
② 봉치떡
③ 석탄병
④ 대추약편

18

백설기 만드는 방법으로 틀린 것은?

① 불린 멥쌀은 30분 정도 체에 밭쳐 물기를 뺀 후 빻을 때 소금을 넣는다.
② 쌀가루에 물을 주어 잘 비빈 후 설탕을 넣어 중간체에 내린다.
③ 찜기에 시룻번을 깔고 멥쌀가루를 안친다.
④ 김 오른 물솥 위에 찜기를 올리고 15~20분 찐 뒤 뜸을 들인다.

19

「규합총서」에 찹쌀가루, 승검초가루, 후춧가루, 계핏가루, 꿀, 견과류 등을 사용하여 두텁떡과 비슷하게 조리하였다고 기록된 떡은?

① 약식
② 혼돈병
③ 개피떡
④ 송기떡

20

충청도 지방의 떡으로, 찹쌀가루에 된장과 고추장이 들어가 구수하고 쫄깃한 맛을 내는 떡은?

① 섭전
② 빙떡
③ 신과병
④ 장떡

21

「규합총서」에 기록된 복숭아와 살구즙을 쌀가루에 버무려 만든 떡은?

① 도행병　　　　　② 은절미
③ 전화병　　　　　④ 밀경떡

22

곡물 생산이 늘어나고 불교의 성행으로 음다풍속에 의해 떡의 종류와 조리법이 매우 다양해졌던 시대는?

① 삼국시대　　　　② 고려시대
③ 통일신라시대　　④ 조선시대

23

양반들의 잔칫상에 오르던 웃기떡으로 크기가 다른 바람떡을 두 개 겹쳐 만든 떡은?

① 달떡　　　　　　② 두텁떡
③ 개피떡　　　　　④ 여주산병

24

수레바퀴 문양이 있는 수리취절편을 먹었던 절식은?

① 삼진날　　　　　② 단오
③ 초파일　　　　　④ 유두

25

떡의 어원의 변화로 옳은 것은?

① 떠기 → 찌기 → 떼기 → 떡
② 떼기 → 떠기 → 찌기 → 떡
③ 찌기 → 떼기 → 떠기 → 떡
④ 찌기 → 떠기 → 떼기 → 떡

26

찰무리떡인 모듬백이의 다른 이름은?

① 구름떡　　　　　② 조침떡
③ 쇠머리떡　　　　④ 혼돈병

27

평생을 살면서 필히 거치게 되는 여러 차례의 중한 의례를 칭하는 말은?

① 책례　　　　　　② 통과의례
③ 신년하례　　　　④ 제례

28

위험도 경감의 원칙이 아닌 것은?

① 위험요인 제거
② 위험 발생 경감
③ 오염 방지
④ 사고 피해 경감

29

매달 있는 명절날에 해 먹는 음식을 무엇이라고 하는가?

① 시식　　　　　　② 계절식
③ 절식　　　　　　④ 정식

30

설기떡 제조의 기본 공정 순서로 옳은 것은?

① 수침 → 부재료 첨가 → 물 주기 → 분쇄 → 찌기
② 수침 → 분쇄 → 물 주기 → 부재료 첨가 → 찌기
③ 수침 → 물 주기 → 분쇄 → 부재료 첨가 → 찌기
④ 수침 → 분쇄 → 부재료 첨가 → 물 주기 → 찌기

31

찹쌀가루로 떡을 만드는 방법에 대한 설명으로 옳은 것은?

① 찹쌀가루를 체에 여러 번 내려 곱게 만든다.
② 쇠머리떡 제조 시 멥쌀가루만 사용한다.
③ 찰떡은 메떡에 비해 찌는 시간이 길다.
④ 팥은 4시간 이상 불려 사용한다.

32

다음 중 떡류의 포장 표시사항에 포함되지 않는 것은?

① 약리 효과
② 유통기한
③ 원재료명
④ 포장·용기 재질

33

손 소독이나 식기 소독에 가장 적절한 소독제는?

① 포르말린   ② 승홍수
③ 역성비누   ④ 크레졸

34

절식으로 먹는 떡의 연결이 옳지 않은 것은?

① 삼짇날 – 진달래화전
② 상달 – 시루떡
③ 유두 – 느티떡
④ 칠석 – 증편

35

통과의례 떡의 종류로 옳지 않은 것은?

① 첫돌 – 무지개떡
② 책례 – 경단
③ 회갑 – 녹두편
④ 제례 – 팥시루떡

36

탄수화물, 지방이 미생물의 작용에 의해 변질되는 현상을 무엇이라고 하는가?

① 부패   ② 변패
③ 산패   ④ 발효

37

물에 녹지 않으며 포장지 자체를 먹을 수 있는 것은?

① 셀로판
② 아밀로오스 필름
③ 폴리스티렌
④ 폴리에틸렌

38

석이채를 만드는 방법으로 틀린 것은?

① 비벼 씻는다.
② 소금물에 불린다.
③ 돌을 떼어 낸다.
④ 물기 제거 후 채 썬다.

39

식품의 변질에 영향을 주는 인자가 아닌 것은?

① pH   ② 산소
③ 기압   ④ 수분

40

HACCP의 기본 단계 7원칙에 해당하지 않는 것은?

① 위해요소(HA) 분석
② 중요관리점(CCP) 결정
③ CCP 모니터링
④ 공정흐름도 작성

41

거피팥시루떡이 처음 만들어진 시대는?

① 고려시대　　　　　② 근대

③ 조선시대　　　　　④ 통일신라시대

42

두텁떡을 의미하는 것이 **아닌** 것은?

① 합병　　　　　② 석탄병

③ 후병　　　　　④ 봉우리떡

43

설기떡으로만 짝지어진 것은?

① 송편, 쑥개떡

② 백설기, 무지개떡

③ 인절미, 절편

④ 수수부꾸미, 화전

44

돌떡에 대한 설명으로 **틀린** 것은?

① 백설기는 장수, 정결함, 신성함을 뜻하고 순진무구하게 자라라는 뜻이 있다.

② 송편은 속이 꽉 차게 하여 학문적 성과를 기원한다.

③ 찰떡은 찰기가 있는 음식이므로 끈기 있고 마음이 단단하라는 뜻이 있다.

④ 무지개떡은 조화롭게 살라는 뜻이 있다.

45

찌는 떡 제조 시 김이 새지 않도록 시루와 솥 사이에 바르는 반죽은?

① 시룻방석　　　　　② 시룻밑

③ 옹기시루　　　　　④ 시룻번

46

약식 재료 중 캐러멜소스의 재료가 **아닌** 것은?

① 꿀　　　　　② 전분

③ 참기름　　　　　④ 설탕

47

전분이 호화될 때 나타나는 현상으로 **틀린** 것은?

① 부피 팽창

② 콜로이드 용액 형성

③ 점도 감소

④ 전분 분자와 물 분자의 수소 결합

48

팥을 삶을 때 발생하는 거품의 원인이 되는 성분을 제거하는 방법으로 옳은 것은?

① 찜통에 찐다.

② 첫 물을 끓여서 버린다.

③ 거품을 걷어 낸다.

④ 식초를 넣는다.

49

더운 여름(삼복)에 먹는 떡이 **아닌** 것은?

① 주악　　　　　② 수수부꾸미

③ 증편　　　　　④ 깨찰편

50

안동 장씨가 남긴 최초의 한글 조리서는?

① 도문대작　　　　　② 해동역사

③ 규합총서　　　　　④ 음식디미방

51

떡의 어원에 대한 설명으로 틀린 것은?

① 곤떡은 '색과 모양이 곱다' 하여 처음에는 고운 떡으로 불렸다.
② 구름떡은 '썬 모양이 구름 모양과 같다' 하여 붙여진 이름이다.
③ 빙떡은 떡을 차갑게 식혀 만들어 붙여진 이름이다.
④ 해장떡은 '해장국과 함께 먹었다' 하여 붙여진 이름이다.

52

지역별 향토떡의 연결이 틀린 것은?

① 경기도 – 여주산병, 색떡(꽃떡)
② 충청도 – 해장떡, 꼬장떡
③ 경상도 – 모시잎송편, 만경떡
④ 제주도 – 빙떡, 오메기떡

53

떡의 주재료로만 짝지어진 것은?

① 멥쌀, 찹쌀
② 찹쌀, 밤
③ 흑미, 호두
④ 멥쌀, 검은콩

54

오염된 곡류를 섭취했을 때 우리 몸에 장애를 일으키는 곰팡이독의 종류가 아닌 것은?

① 황변미독
② 맥각독
③ 삭시톡신
④ 아플라톡신

55

시대별 떡의 연결이 틀린 것은?

① 근대 – 쇠머리떡, 거피팥시루떡
② 삼국시대 – 설병, 약식
③ 고려시대 – 율고, 상화병
④ 조선시대 – 콩설기, 청정인절미

56

떡의 명칭과 재료의 연결이 틀린 것은?

① 상실병 – 도토리
② 청애병 – 쑥
③ 서여향병 – 더덕
④ 남방감저병 – 고구마

57

삼짇날에 대한 설명으로 틀린 것은?

① 강남 갔던 제비가 돌아온다는 명절이다.
② 중삼절(重三節)이라고도 부른다.
③ 「동국세시기」에 화전, 화면은 삼짇날의 으뜸 음식이라 기록되어 있다.
④ 멥쌀가루에 수리취풀을 섞어 떡메로 쳐서 둥글납작하게 떼어 떡살로 찍어 만든다.

58

찹쌀을 이용하여 만든 떡은?

① 봉치떡
② 복령떡
③ 색떡
④ 석탄병

59

다음 중 포장재의 기능이 아닌 것은?

① 해충, 이물질을 차단할 수 있어야 한다.
② 부패를 방지할 수 있어야 한다.
③ 상품의 가치를 상승시켜 판매에 도움이 되어야 한다.
④ 운반 및 보관이 편리해야 한다.

60

HACCP의 준비 단계에 해당하는 것은?

① HACCP 팀 구성
② 위해요소 분석
③ 중요관리점 결정
④ 한계관리기준 설정

빠른 정답표

01	④	02	①	03	②	04	①	05	④
06	①	07	③	08	②	09	④	10	②
11	④	12	④	13	③	14	②	15	③
16	①	17	②	18	②	19	②	20	④
21	①	22	②	23	④	24	②	25	②
26	②	27	②	28	③	29	③	30	②
31	③	32	①	33	③	34	③	35	④
36	②	37	②	38	②	39	③	40	④
41	②	42	②	43	②	44	②	45	④
46	③	47	③	48	②	49	②	50	④
51	③	52	②	53	①	54	③	55	④
56	③	57	④	58	①	59	②	60	①

01 | 정답 | ④

철쭉꽃에는 그레이아노톡신이라는 독이 있어 화전을 장식하기에 적절하지 않다.

02 | 정답 | ①

| 오답풀이 |
② 구선왕도고 – 9가지 약재를 섞어 만든 떡
③ 당귀주악 – 지지는 떡
④ 복령조화고 – 한약재인 복령을 멥쌀가루와 섞어 찐 떡

03 | 정답 | ②

떡살은 떡에 눌러 문양을 내는 도구로, 떡손이라고도 한다.

04 | 정답 | ①

| 오답풀이 |
② 글루텐은 밀가루 단백질이다.
③ 날반죽은 성형이 어렵다.
④ 쑥이나 견과류가 들어가면 노화 속도가 느려진다.

05 | 정답 | ④

식품 조리 시 발생하는 재해에는 미끄러짐, 화상, 베임 등이 있다.

06 | 정답 | ①

| 오답풀이 |
② 계량스푼 1큰술은 15mL이다.
③ 저울을 사용할 때에는 눈높이에 놓고 0점을 맞춘 후 사용한다.
④ 가루 재료 계량 시 수북이 담아 표면만 깎아서 잰다.

07 | 정답 | ③

수돗물은 염소소독이 된 물로 따뜻하면 불순물이 잘 지워진다.

08 | 정답 | ②

인절미는 은절병, 인병으로도 불린다.

09 | 정답 | ④

서속은 기장과 조를 아울러 이르는 말이며, 서속떡은 멥쌀가루에 서속가루, 밤, 대추를 버무려 찐 떡이다.

10 | 정답 | ②

설기류는 멥쌀가루에 물을 내려 쌀가루만 찌거나 부재료를 섞어 쪄 낸 떡이다.

11 | 정답 | ④

황색포도상구균은 독소형 식중독에 해당되며, 화농성질환을 가진 조리사가 조리한 식품을 섭취한 경우 주로 발생한다. 잠복기는 평균 약 3시간으로 급성 위장염, 복통, 설사 등의 증상이 나타난다.

12 | 정답 | ④

온도 0~4℃, 수분 함량 30~60%일 때 노화가 가장 잘 일어나며 60℃ 이상이거나 냉동 상태에서는 노화가 잘 일어나지 않는다. 당류는 수분의 유지를 돕기 때문에 노화를 지연시킨다.

13
|정답| ③

부재료와 간장 등은 한 번 쪄낸 후 섞는다.

14
|정답| ②

오려송편은 제철보다 일찍 여문 벼인 올벼로 빚은 송편이다.

15
|정답| ③

메밀에 들어 있는 루틴은 성인병과 고혈압 예방에 효과적이다.

16
|정답| ①

혼례떡인 봉채떡(봉치떡)에는 찹쌀가루를 사용하는데, 부부가 화목하게 지내기를 기원하는 뜻이다.

17
|정답| ②

봉치란 신랑집에서 신부집으로 채단과 예장을 보내는 것을 의미한다. 납폐일에 신랑집에서 신부집으로 함을 보낼 때 신부집에서 준비하는 떡을 봉치떡(봉채떡)이라고 한다.

18
|정답| ②

설탕을 넣고 체에 내리면 반죽이 질어진다.

19
|정답| ②

| 오답풀이 |
① 약식 – 찹쌀에 밤, 잣, 대추를 섞어 찐 후 참기름, 꿀, 간장 등으로 버무려 만든 음식
③ 개피떡 – 흰떡, 쑥떡 등에 소를 넣고 반달 모양으로 빚은 떡(바람떡)
④ 송기떡 – 송기가루를 멥쌀가루와 버무려 시루에 쪄 안반에 친 떡

20
|정답| ④

| 오답풀이 |
① 섭전 – 찹쌀가루에 국화 꽃잎을 얹어 지진 떡
② 빙떡 – 메밀가루를 묽게 반죽하여 기름을 두른 번철에 얇게 펴놓고 삶아 양념한 무채를 소로 넣고 말아서 지져낸 떡
③ 신과병 – 햇열매를 햅쌀가루에 섞어서 찐 떡

21
|정답| ①

| 오답풀이 |
② 은절미 – 제주도의 향토떡
③ 전화병 – 화전으로 「도문대작」에 기록됨
④ 밀경떡 – 강원도의 향토떡

22
|정답| ②

고려시대에는 곡물 생산이 늘어나 떡의 종류와 조리법이 매우 다양해졌다. 대표적으로 청애병, 수단, 차전병이 있다.

23
|정답| ④

| 오답풀이 |
① 달떡 – 흰떡을 달 모양으로 빚어 기름칠한 떡
② 두텁떡 – 찹쌀가루를 꿀이나 설탕과 반죽한 후 귤병과 대추로 소를 박고 꿀팥을 두둑하게 뿌려 가며 켜켜이 안쳐서 찐 떡
③ 개피떡 – 흰떡, 쑥떡 등에 소를 넣고 반달 모양으로 빚은 떡

24
|정답| ②

| 오답풀이 |
① 삼짇날 – 화전, 쑥떡, 향애단
③ 초파일 – 느티떡, 장미화전, 석남엽병
④ 유두 – 상화병, 밀전병, 수단

25
|정답| ③

떡의 어원은 '찌기 → 떼기 → 떠기 → 떡'으로 변화했다.

26
|정답| ③

모듬백이는 쇠머리떡을 의미하며, 충청도의 향토떡이다.

27
|정답| ②

통과의례는 사람이 태어나서 죽을 때까지의 중요한 의례를 말하며, 다양한 음식을 먹으며 오복을 기원하였다.

28
|정답| ③

위험도 경감 원칙의 핵심 요소는 위험요인 제거, 위험 발생 경감, 사고 피해 경감이다.

29
|정답| ③

매달 있는 명절을 맞이하여 만들어 먹는 음식을 절식, 제철에 나는 재료로 만들어 먹는 음식을 시식이라고 한다.

30
|정답| ②

설기떡 제조 순서는 '수침 → 분쇄 → 물 주기 → 부재료 첨가 → 찌기'이다.

31
|정답| ③

| 오답풀이 |
① 찹쌀가루는 체에 여러 번 내리면 익지 않는다.
② 쇠머리떡은 찹쌀가루를 사용한다.
④ 팥은 불리지 않고 사용한다.

32
|정답| ①

약리 효과는 약에 의해 생체에 일어나는 변화를 말한다. 떡류의 포장 표시사항에는 제품명, 식품의 유형, 영업소(장)의 명칭(상호)과 소재지, 유통기한, 원재료명, 포장·용기 재질, 품목보고번호 등이 있다.

33
|정답| ③

| 오답풀이 |
① 포르말린 – 병실, 도서실, 분뇨 등의 소독에 사용한다.
② 승홍수 – 손, 피부, 금속 부식성이 없는 곳에 사용한다.
④ 크레졸 – 오물 등의 소독에 사용한다.

34
|정답| ③

유두에는 수단, 상화병, 밀전병을 먹는다. 느티떡은 초파일에 먹는 떡이다.

35
|정답| ④

팥시루떡은 상달에 먹는 떡이다. 팥의 붉은색은 귀신을 쫓는 의미가 담겨 있어 제례에는 적절하지 않다.

36
|정답| ②

| 오답풀이 |
① 부패 – 단백질을 주성분으로 하는 식품이 변질되는 현상
③ 산패 – 유지나 유지 식품이 변질되는 현상
④ 발효 – 탄수화물이 인체에 유익하게 변질되는 현상

37
|정답| ②

| 오답풀이 |
① 셀로판 – 일반적으로 독성이 없고 먼지를 타지 않는다.
③ 폴리스티렌 – 가격이 저렴하고 가공성이 용이하며 투명, 무색으로 광학적 성질이 우수하고 질긴 것이 특징이다.
④ 폴리에틸렌 – 인체 무독성으로 식품 포장재로 가장 많이 사용한다.

38
|정답| ②

석이채는 깨끗한 물에 불려 물기를 제거한 후 채 썬다.

39
|정답| ③

식품 변질에 영향을 주는 인자는 온도, 영양소, 수분, 산소, pH이다.

40
|정답| ④

HACCP의 기본 단계 7원칙은 '위해요소(HA) 분석 → 중요관리점(CCP) 결정 → 한계관리기준(CL) 설정 → 모니터링 체계 확립 → 개선 조치 방법 수립 → 검증 절차 및 방법 수립 → 문서화, 기록 유지 방법 설정' 순이다.

41
|정답| ②

거피팥시루떡이 처음 만들어진 시대는 근대이다.

42
|정답| ②

석탄병은 멥쌀가루와 감가루 등을 섞어 찐 떡으로, 맛이 좋아 차마 삼키기 아까운 떡으로 기록되어 있다.

43
|정답| ②

| 오답풀이 |
① 송편, 쑥개떡 – 빚는 떡
③ 인절미, 절편 – 치는 떡
④ 수수부꾸미, 화전 – 지지는 떡

44
|정답| ②

속이 꽉 찬 송편은 학문적 성과를 기원하며 책례 때 먹는 떡이다.

45
|정답| ④

| 오답풀이 |
① 시룻방석 – 시루를 덮는 덮개
② 시룻밑 – 용기 밑바닥에 까는 것
③ 옹기시루 – 떡이나 쌀 따위를 찌는 데 쓰는 작고 오목한 질그릇

46
|정답| ③

캐러멜소스는 약식을 만들 때 색을 내는 재료로, 전분에 꿀과 설탕을 넣고 갈색으로 만든 소스이다.

47
|정답| ③

전분의 호화 과정 중에는 점도가 증가한다.

48
|정답| ②

팥을 삶을 때 거품을 발생시키는 성분인 사포닌을 제거하기 위해서 처음 끓인 물은 버리고 새 물을 부어 끓인다.

49
|정답| ②

삼복에는 주악, 증편, 깨찰편 등을 먹는다.

50
|정답| ④

| 오답풀이 |
① 도문대작 – 허균이 전국의 식품과 명산지에 관하여 적은 책으로 우리나라 식품전문서로 가장 오래된 책이다.
② 해동역사 – 고구려인이 율고를 잘 만든다는 중국인의 기록이 나와 있는 책이다.
③ 규합총서 – 석탄병에 대해 '맛이 좋아 차마 삼키기 아까운 떡'으로 기록되어 있는 책이다.

51
|정답| ③

빙떡은 메밀가루를 반죽하여 팬에 부쳐 무채 소를 넣고 말아 지져낸 떡으로 돌돌 말아서 만든다고 해서 빙떡이라 한다.

52
|정답| ②

꼬장떡은 함경도의 향토떡이다.

53
|정답| ①

| 오답풀이 |
② 밤, ③ 호두, ④ 검은콩은 떡의 부재료에 해당한다.

54
|정답| ③

삭시톡신은 섭조개, 홍합, 검은 조개의 독이다.

55
|정답| ④

콩설기, 청정인절미(차조)는 근대의 떡이다.

56
|정답| ③

서여향병은 마로 만든 떡이다.

57
|정답| ④

단오(수릿날)에는 수리취풀을 넣어 만든 떡을 수레바퀴 모양의 떡살로 찍어 낸 수리취절편(차륜병)을 먹었다.

58
|정답| ①

| 오답풀이 |
② 복령떡, ③ 색떡, ④ 석탄병은 멥쌀을 이용한 떡이다.

59
|정답| ②

| 오답풀이 |
①은 위생성, ③은 상품성, ④는 간편성에 대한 설명이다.

60
|정답| ①

HACCP 팀 구성은 HACCP 7원칙 12절차 중 준비 단계에 해당한다.

| 오답풀이 |
② 위해요소 분석, ③ 중요관리점 결정, ④ 한계관리기준 설정은 기본 단계 7원칙에 해당한다.

01

조리 종사자의 복장으로 적절하지 <u>않은</u> 것은?

① 액세서리를 착용하지 않는다.
② 머리, 손톱 등의 용모를 단정히 한다.
③ 조리화는 출퇴근용으로 사용이 가능하다.
④ 앞치마는 용도에 따라 구분하여 사용한다.

02

떡이 처음 만들어진 시기로 추정하는 때는?

① 삼국시대 이전　　② 통일신라시대
③ 고려시대　　　　④ 조선시대

03

지역별 향토떡의 연결이 <u>틀린</u> 것은?

① 평안도 – 노티떡
② 전라도 – 두텁떡
③ 강원도 – 감자떡
④ 제주도 – 오메기떡

04

혼례와 관련 있는 떡이 <u>아닌</u> 것은?

① 봉채떡(봉치떡)　② 붉은팥 찰수수경단
③ 색떡　　　　　　④ 달떡

05

조와 기장가루에 밤, 대추를 버무려 찐 떡은?

① 석탄병　　　　② 서속떡
③ 나복병　　　　④ 남방감저병

06

웃기떡과 같은 뜻으로 쓰이는 말은?

① 잔편　　　　② 받침떡
③ 본편　　　　④ 제사편

07

삼칠일의 풍습으로 옳은 것은?

① 아기에게 옷을 갖춰 입히고 몸을 자유롭게 해 준다.
② 삼칠일에는 대문에 달았던 금줄을 떼어 내고 외부인
　의 출입을 허용한다.
③ 미역국과 쌀밥, 백설기를 준비한다.
④ 삼칠일 이후에도 아기와 산모를 대문 밖으로 내보내
　지 않는다.

08

「목은집」에서 "백설 같이 흰 살결에 달고 신맛이 섞여 있
더라."라고 소개된 떡은?

① 율고　　　　② 수단
③ 상화　　　　④ 애고

09

단오에 먹는 떡이 <u>아닌</u> 것은?

① 단오떡　　　　② 도행병
③ 차륜병　　　　④ 장미화전

10

떡과 고물의 연결로 알맞지 <u>않은</u> 것은?

① 팥고물시루떡 – 붉은팥고물
② 녹두절편 – 거피녹두고물
③ 물호박떡 – 거피팥고물
④ 무시루떡 – 거피팥고물

11

명절을 대표하는 떡의 연결이 <u>잘못된</u> 것은?

① 정월대보름 – 약식
② 설날 – 가래떡
③ 추석 – 송편
④ 동짓날 – 팥경단

12

「거가필용」(원나라의 문헌)에서 고려율고가 의미하는 떡은?

① 밤설기   ② 쑥설기
③ 쑥구리단자   ④ 쑥절편

13

도병이 <u>아닌</u> 것은?

① 가래떡   ② 경단
③ 인절미   ④ 개피떡

14

오려송편에 대한 설명으로 옳은 것은?

① 송편을 고일 때 얹는 색송편이다.
② 올벼로 빚은 송편이다.
③ 묵은 쌀로 빚은 송편이다.
④ 떡가루를 익혀 쳐서 빚는 송편이다.

15

증편에 대한 설명으로 <u>틀린</u> 것은?

① 기주떡이라고도 한다.
② 여름에 먹는 떡이다.
③ 빚는 떡이다.
④ 막걸리로 반죽하여 만든 떡이다.

16

제사 때 만드는 떡으로 <u>틀린</u> 것은?

① 붉은팥시루떡
② 거피팥시루떡
③ 녹두고물시루떡
④ 흑임자시루떡

17

두텁떡을 표현한 말이 <u>아닌</u> 것은?

① 합병   ② 봉우리떡
③ 후병   ④ 석탄병

18

떡을 고일 때 주로 받침떡으로 사용하던 떡은?

① 화전   ② 주악
③ 찹쌀부꾸미   ④ 빙자병

19

전통적인 각색편에 속하지 <u>않는</u> 떡은?

① 꿀편   ② 혼인절편
③ 승검초편   ④ 대추편

20

한식의 절식이 <u>아닌</u> 것은?

① 한식면   ② 메밀국수
③ 쑥떡   ④ 화면

21

쥐에 의해 전파되는 감염병이 <u>아닌</u> 것은?

① 페스트   ② 유행성출혈열
③ 발진열   ④ 일본뇌염

22

세균에 의한 감염병이 <u>아닌</u> 것은?

① 콜레라   ② 장티푸스
③ 파라티푸스   ④ 인플루엔자

23

식품의 위생상 위해 요인이 <u>아닌</u> 것은?

① 미생물에 의한 것
② 화학적 물질에 의한 것
③ 유기염소제에 의한 것
④ 효모에 의한 것

24

식품 저장 시 미생물이 잘 자라지 않는 수분 함량은?

① 13%   ② 20%
③ 25%   ④ 40%

25

식품첨가물의 사용 목적으로 <u>틀린</u> 것은?

① 기호성을 증진시킨다.
② 생리 기능을 증진시킨다.
③ 변질을 방지한다.
④ 품질을 유지시킨다.

26

찹쌀의 구성 성분에 대한 설명으로 옳은 것은?

① 아밀로오스로만 이루어져 있다.
② 아밀로펙틴으로만 이루어져 있다.
③ 아밀로오스와 아밀로펙틴이 같은 비율로 이루어져 있다.
④ 아밀로오스의 함량이 더 많다.

27

쌀에 기생하고 증식하여 황변미 중독을 일으키는 것은?

① 바이러스   ② 세균
③ 곰팡이   ④ 리케차

28

떡 포장 재질이며, 인체 무독성으로 사용 빈도가 가장 높은 것은?

① 폴리프로필렌(PP)
② 폴리에틸렌(PE)
③ 셀로판
④ 폴리스티렌(PS)

29

세균의 생성에 필요한 인자가 <u>아닌</u> 것은?

① 압력   ② 온도
③ 수분   ④ pH

30

식물과 유독 성분의 연결이 <u>틀린</u> 것은?

① 청매 – 고시폴
② 감자 – 솔라닌
③ 독미나리 – 시큐톡신
④ 대두 – 사포닌

31

떡 제조에 필요한 도구와 쓰임새의 연결이 잘못된 것은?

① 떡살 – 흰떡 등에 문양을 찍어 내는 도구
② 시룻방석 – 떡 찌는 시루를 덮어 떡이 잘 익도록 하는 것
③ 떡판 – 떡을 처음 칠 때 흩어지는 것을 막기 위해 싸는 보자기
④ 안반과 떡메 – 흰떡이나 인절미를 칠 때 쓰는 용구

32

찹쌀로 만든 떡이 멥쌀로 만든 떡보다 끈기가 있는데 이는 어떤 성분 때문인가?

① 아밀로펙틴
② 아밀로오스
③ 글루텐
④ 수분

33

떡을 할 때 불린 찹쌀의 수분 흡수율은?

① 10∼25%
② 20∼30%
③ 30∼40%
④ 40∼55%

34

치는 떡 성형 방법이 다른 것은 무엇인가?

① 가래떡
② 개피떡
③ 인절미
④ 단자

35

떡쌀 1kg을 가루로 만들어 백설기를 만들 때 소금의 양은?

① 1큰술(약 12g)
② 2큰술(약 24g)
③ 3큰술(약 36g)
④ 4큰술(약 48g)

36

수인성 감염병이 아닌 것은?

① 콜레라
② 세균성이질
③ 홍역
④ 장티푸스

37

약밥 제조 방법으로 옳은 것은?

① 밤과 대추는 통째로 사용한다.
② 양념은 처음부터 넣고 찹쌀과 같이 찐다.
③ 찹쌀은 두 번 찐다.
④ 대추고는 대추를 다져 조린 후 그대로 사용한다.

38

농사가 끝나고 무시루떡과 애단자를 만들어 먹는 절기는?

① 동지
② 납일
③ 한식
④ 상달

39

같은 색을 내는 재료끼리 연결한 것이 아닌 것은?

① 새싹보리 – 코코아가루
② 치자 – 송화가루
③ 지초 – 백년초가루
④ 대추고 – 도토리가루

40

애엽을 첨가하는 떡이 아닌 것은?

① 수리취떡
② 청애병
③ 쑥설기
④ 쑥절편

41

찹쌀가루 반죽에 소를 넣고 작게 빚어 기름에 튀겨 내어 꿀에 재운 웃기떡을 무엇이라고 하는가?

① 주악
② 단자
③ 경단
④ 꿀송편

42

섭전의 재료로 쓰이는 것은?

① 진달래꽃
② 국화꽃
③ 장미
④ 쑥갓

43

지지는 떡 중 계강과를 만들 때의 재료로 적절한 것은?

① 계란과 생강
② 계란과 조청
③ 계피와 생강
④ 계피와 조청

44

서류가 아닌 것은?

① 고구마
② 잣
③ 마
④ 토란

45

작업장의 환경관리를 설명한 것으로 옳지 않은 것은?

① 조리 작업장의 조도는 220Lux 이상으로 유지한다.
② 작업장의 온도는 20℃ 정도를 유지한다.
③ 습도는 40~60% 정도를 유지한다.
④ 자외선 수치는 2,500~2,800Å을 유지한다.

46

전분의 노화 현상과 관련이 없는 것은?

① 염류 또는 각종 이온의 함량
② 수분 함량
③ 당의 종류
④ 전분의 종류

47

환원당이 아닌 당은?

① 과당
② 포도당
③ 맥아당
④ 설탕

48

삼복에 술로 반죽하는 떡을 만드는 이유로 적절한 것은?

① 맛과 향을 더하기 위해
② 떡이 더위에 쉽게 상하지 않게 하기 위해
③ 쫄깃한 느낌을 더하기 위해
④ 색을 좋게 하기 위해

49

송편을 찔 때 솔잎을 깔고 찌면 쉽게 상하는 것을 방지해 주는 이유는 솔잎의 어떤 성분 때문인가?

① 토코페롤
② 피톤치드
③ 포르말린
④ 베타카로틴

50

떡을 만드는 방법의 연결이 틀린 것은?

① 증병 – 찌는 떡
② 도병 – 치는 떡
③ 유병 – 삶는 떡
④ 유전병 – 지지는 떡

51

남방감저병의 재료로 적절한 것은?

① 콩가루와 멥쌀가루
② 쑥가루와 멥쌀가루
③ 말린 밤가루와 찹쌀가루
④ 말린 고구마가루와 찹쌀가루

52

도구에 대한 설명으로 틀린 것은?

① 안반 – 떡을 칠 때 쓰는 도구
② 떡메 – 찐 쌀을 치는 메로 가늘고 짧은 나무토막의 한쪽에 구멍을 뚫어 자루를 박은 도구
③ 떡가위 – 떡이나 엿, 약과를 자르는 데 쓰는 놋쇠로 만든 가위
④ 밀판 – 반죽 등을 얇게 펴는 데 쓰는 도구

53

떡을 포장하는 이유가 아닌 것은?

① 시각적 효과   ② 수분 증발 방지
③ 파손 방지   ④ 살균 효과

54

떡에 색을 내려고 할 때 식용 색소의 구비 조건이 아닌 것은?

① 인체에 무해할 것
② 체내에 쌓이지 않을 것
③ 쉽게 구할 수 있는 인공색소일 것
④ 미량으로 착색 효과가 클 것

55

식품첨가물이 갖추어야 할 조건으로 틀린 것은?

① 식품에 안 좋은 영향을 주지 않아야 한다.
② 사용 시 식품의 가치를 향상시켜야 한다.
③ 식품 성분 등에서 그 첨가물을 확인할 수 있어야 한다.
④ 많은 양을 사용했을 때 효과가 나타나야 한다.

56

쌀가루를 체에 치는 이유로 적절하지 않은 것은?

① 혼합된 물질의 균일한 색상과 맛을 낸다.
② 분쇄되지 않은 큰 입자의 쌀가루를 선별할 수 있다.
③ 공기가 혼입되는 것을 막을 수 있다.
④ 떡을 찔 때 시루 내부의 쌀가루 사이에 증기가 잘 통과하여 떡이 잘 익도록 한다.

57

찹쌀가루로 떡을 만들 때에 대한 설명으로 틀린 것은?

① 익반죽은 끓는 물로 반죽하는 것이다.
② 익반죽에 반대되는 말은 날반죽이다.
③ 경단은 끓는 물로 익반죽을 한다.
④ 찰시루떡은 끓는 물로 물을 주면 쉽게 익는다.

58

떡의 재료와 제조 원리에 대한 설명으로 틀린 것은?

① 불린 쌀은 쌀을 불린 시간만큼 물을 빼서 사용한다.
② 멥쌀은 곱게 빻고, 찹쌀은 거칠게 빻는다.
③ 찹쌀은 멥쌀보다 수분을 많이 함유하고 있기 때문에 경우에 따라 물을 주지 않고 찌기도 한다.
④ 부재료는 섞기 과정에서 넣을 수 있다.

59

천연 색소의 색과 그 성분의 연결이 틀린 것은?

① 초록색 – 클로로필
② 붉은색, 보라색 – 안토시아닌
③ 노란색 – 플라보노이드
④ 갈색 – 카로티노이드

60

쌀가루를 만드는 과정 중 주의할 점으로 옳은 것은?

① 쌀을 물에 불리면 멥쌀이 찹쌀보다 무게가 더 증가한다.
② 세척 단계에서는 뜨거운 물로 문질러 세척한다.
③ 여름에는 수침 시간을 짧게, 겨울에는 수침 시간을 길게 한다.
④ 찹쌀은 멥쌀보다 곱게 갈아 체에 여러 번 내린다.

04회 정답 및 해설

빠른 정답표

01	③	02	①	03	②	04	②	05	②
06	①	07	②	08	②	09	④	10	④
11	④	12	①	13	②	14	②	15	③
16	①	17	④	18	④	19	②	20	④
21	④	22	④	23	④	24	①	25	②
26	②	27	②	28	②	29	①	30	①
31	③	32	①	33	③	34	④	35	①
36	④	37	③	38	④	39	①	40	①
41	①	42	②	43	③	44	②	45	④
46	③	47	④	48	②	49	②	50	③
51	④	52	②	53	④	54	③	55	④
56	③	57	④	58	①	59	④	60	③

01
|정답| ③

조리화는 오염 구역과 비오염 구역을 구분해서 신어야 한다.

02
|정답| ①

우리나라에서 출토된 유물을 통해 떡이 만들어진 시기를 추정하면 삼국시대이다(신석기시대 – 갈돌, 확돌, 청동기시대 – 시루 등).

03
|정답| ②

두텁떡은 궁중떡으로, 서울과 경기도의 향토떡이다.

04
|정답| ②

붉은팥 찰수수경단은 백일상, 돌상에 내는 떡이다.

05
|정답| ②

| 오답풀이 |
① 석탄병 – 멥쌀가루에 감가루를 섞어 만든 떡
③ 나복병 – 멥쌀가루에 무와 팥고물을 넣어 찐 떡
④ 남방감저병 – 고구마를 껍질째 씻어 말려 가루로 만든 것과 찹쌀가루를 섞어서 찐 떡

06
|정답| ①

웃기떡은 모양을 내서 장식하는 떡을 의미하며 잔편(경북지방의 방언)이라고도 한다.

07
|정답| ②

삼칠일은 아기가 태어난 지 21일째 되는 날로, 삼칠일 이전에 금줄을 쳐서 외부인의 출입을 막아 면역력이 약한 아기를 보호하는 풍습으로 산모의 조리 기간을 의미하기도 한다.

08
|정답| ②

| 오답풀이 |
① 율고 – 찹쌀가루에 밤가루를 섞어 찐 떡
③ 상화 – 밀가루를 술에 부풀려 소를 넣고 찐 증편류
④ 애고 – 쑥잎을 넣어 만든 떡

09
|정답| ④

장미화전은 사월 초파일(음력 4월 8일)에 먹는 떡이다.

10
|정답| ④

무시루떡에는 붉은팥고물을 사용한다.

11
|정답| ④

동짓날에는 붉은 팥죽을 먹는다.

12
|정답| ①

율고란 밤을 섞어 만든 떡으로, 밤떡, 밤가루설기라고도 한다.

13
|정답| ②

도병은 치는 떡으로 가래떡, 인절미, 개피떡이 해당된다. 경단은 삶는 떡이다.

14
|정답| ②

올벼(오려)는 그 해에 추수한 햅쌀을 말하며 오려송편은 햅쌀로 빚은 송편이다.

15
|정답| ③

증편은 멥쌀가루에 막걸리를 넣고 반죽을 발효시켜 찐 발효 떡이다. 여름철 술을 사용하므로 빨리 쉬지 않는 것이 특징이다.

16
|정답| ①

붉은색은 귀신을 쫓아내고 액운을 막는다는 의미로, 제사에는 사용하지 않는다.

17
|정답| ④

두텁떡은 궁중떡으로, 합병, 봉우리떡, 후병이라고도 한다. 석탄병은 감가루를 이용한 떡으로 '맛이 좋아 차마 삼키기 아까운 떡'으로 기록되어 있다.

| 오답풀이 |
① 합병 – 소를 넣고 뚜껑을 덮어 안친 모양이 그릇 모양 중 합과 같다는 뜻이다.
② 봉우리떡 – 떡의 모양이 소복하여 봉우리떡이라고 한다.
③ 후병 – 두툼하게 하나씩 먹는 떡으로 두터울 후(厚)자가 붙어 후병이라고도 한다.

18
|정답| ④

빙자병은 녹두를 갈아 지진 떡으로, 제사상, 교자상 등에서 음식을 높이 올려 괼 때 밑받침용으로 사용한다.

19
|정답| ②

각색편은 멥쌀가루에 부재료를 섞어 색깔과 향을 첨가하여 찐 떡이다. 혼인절편은 황해도 떡으로, 떡살로 누른 혼례용 떡이다.

20
|정답| ④

화면은 삼짇날에 먹는 절식이다.

21
|정답| ④

일본뇌염은 모기에 의해 전파되는 감염병이다.

22
|정답| ④

인플루엔자는 기침이나 재채기 등으로 감염되는 바이러스성 감염병이다.

23
|정답| ④

효모는 알코올 제조, 제과·제빵 등에 이용되므로 식품의 위해 요인이라고 볼 수 없다.

24
|정답| ①

수분은 식품의 품질을 결정하는 데 중요한 역할을 한다. 쌀 저장 시 수분 함량 15% 이하, 종실류 13% 이하의 수분을 유지하는 것이 좋다.

25
|정답| ②

식품첨가물의 사용 목적에는 기호성 증진, 관능의 만족, 품질 유지 및 개량, 식품의 변질과 부패 방지, 식품의 영양 강화가 있다.

26
|정답| ②

찹쌀은 100% 아밀로펙틴으로 이루어져 있다.

27
|정답| ③

황변미는 쌀에 곰팡이가 번식하여 쌀이 누렇게 황색으로 변한 것이다. 황변미 중독은 신장독, 신경독, 간암 등을 일으키는 요인이다.

28
|정답| ②

폴리에틸렌(PE)은 인체 무독성으로 식품 포장재로 가장 많이 사용한다.

29
|정답| ①

세균 생성의 필수 인자는 영양소, 수분, 온도, 산소, pH이다.

30
|정답| ①

청매의 유독 성분은 아미그달린이다. 고시폴은 목화씨의 유독 성분이다.

31
|정답| ③

떡을 처음 칠 때 흩어지는 것을 막기 위해 싸는 보자기는 떡보자기이다. 떡판은 떡을 칠 때 쓰는 넓은 나무판이다.

32
|정답| ①

찹쌀(아밀로펙틴 100%)이 멥쌀(아밀로펙틴 80%+아밀로오스 20%)보다 찰기가 있다.

33
|정답| ③

찹쌀의 수분 흡수율은 30~40%이고, 멥쌀의 수분 흡수율은 20~25%이다. 찹쌀은 아밀로펙틴의 함량이 높아 멥쌀보다 10% 정도 높은 수분 흡수율을 보인다.

34
|정답| ④

단자는 쌀가루를 반죽하여 끓는 물에 삶아 내어 방망이로 친 후 소를 넣어 둥글게 빚어 고물을 묻힌 떡이다.

| 오답풀이 |

① 가래떡 – 쌀가루를 고물 없이 쪄서 찰기가 나게 친 후 성형기로 뽑아낸 떡
② 개피떡 – 쌀가루를 고물 없이 쪄서 치대어 얇게 민 후 소를 넣어 반달모양으로 찍어 낸 떡
③ 인절미 – 쌀가루를 쪄서 찰기가 나게 친 후 고물을 묻힌 떡

35
|정답| ①

떡 제조 시 소금의 양은 쌀 무게의 1.2~1.3% 정도 첨가한다.

36
|정답| ③

홍역은 호흡기계 감염병이다.

37
|정답| ③

| 오답풀이 |

① 밤과 대추는 썰어서 사용한다.
② 찹쌀을 주재료로 한 번 쪄낸 후에 대추, 밤 등의 부재료와 양념을 넣고 한 번 더 쪄낸다.
④ 대추고는 대추를 자른 후 물을 붓고 약불에서 끓여 체에 내려 씨를 제거한 후 약불에 조려 사용한다.

38
|정답| ④

| 오답풀이 |

① 동지 – 동짓날은 밤의 길이가 가장 긴 날로, 팥죽을 끓여 먹는다.
② 납일 – 동지 뒤 셋째 미일(未日)로 납향을 지내며 골무떡을 먹는다.
③ 한식 – 양력 4월 5~6일경으로, 쑥단자를 만들어 먹는다.

39
|정답| ①

초록색을 내는 재료로 새싹보리, 쑥, 승검초 분말, 뽕잎 등이 있으며 갈색을 내는 재료로 코코아가루, 계핏가루, 커피, 대추고 등이 있다.

40
|정답| ①

애엽은 쑥을 의미한다. 수리취떡은 여러해살이풀인 수리취의 어린 잎을 사용하여 만든 단오의 절식이다.

41
|정답| ①

주악은 큰 상을 괼 때 얹어 쓰는 웃기떡이다. 개성주악은 막걸리로 발효시킨 발효 떡으로 '우메기'라고도 하며, 일반 주악과 모양이 약간 다르다.

42
|정답| ②

섭전은 노란 국화를 올려 지진 전라도의 향토떡이다.

| 오답풀이 |

① 진달래꽃, ③ 장미, ④ 쑥갓잎은 화전에 사용한다.

43
|정답| ③

계강과는 계피와 생강을 넣었다고 해서 붙여진 이름이다.

44
|정답| ②

서류는 감자, 고구마 등의 땅속뿌리를 이용하는 작물이다. 잣은 견과류에 해당한다.

45
|정답| ④

작업장의 환경요인에서 자외선은 거의 영향을 미치지 않는다.

46
|정답| ③

당은 흡습성이 좋아 당의 종류와 무관하게 노화를 지연시킨다.

47
|정답| ④

설탕은 구조적으로 환원 작용을 나타내는 알데히드기(-CHO)가 존재할 수 없으므로 대표적인 비환원당이다.

48
|정답| ②

날씨가 더워 쉽게 상할 수 있는 떡의 보존 기간을 연장시키기 위해 술을 넣어 발효시킨다.

49
|정답| ②

솔잎에 함유된 피톤치드의 주성분은 테르펜으로, 균의 침입을 막는 방부제 효과를 한다.

50
|정답| ③

삶는 떡은 단자병이다. 유병은 찹쌀가루로 떡을 만들어 기름에 지진 음식이다.

51
|정답| ④

남방감저병은 고구마가루를 찹쌀가루와 섞어 시루에 찐 떡으로, 고구마를 감저(甘藷)라고 한다.

52
|정답| ②

떡메는 안반 위의 떡을 내려치는 도구로 지름이 20cm 정도 되는 통나무로 만든 것이다.

53
|정답| ④

떡의 포장과 살균 효과는 관련이 없다.

54
|정답| ③

「식품위생법」에서 착색료 중 화학적 합성품인 합성색소는 허용된 종류만 사용이 가능하다.

55
|정답| ④

식품첨가물은 소량으로도 사용 목적을 달성할 수 있어야 한다.

56
|정답| ③

쌀가루를 체에 치는 이유는 공기가 혼입되어 균일한 제품을 얻을 수 있고 떡의 촉감이 부드러워지기 때문이다.

57
|정답| ④

찰시루떡은 찹쌀가루에 찬물로 수분을 주어 고루 섞어 준다.

58
|정답| ①

물을 빼는 시간은 30분 정도면 적당하다. 찹쌀을 곱게 빻으면 수증기가 잘 올라오지 못해 떡이 잘 익지 않는다.

59
|정답| ④

카로티노이드는 노란색 색소이다. 갈색을 내는 것은 탄닌류(계핏가루, 커피, 코코아가루 등)이다.

60
|정답| ③

수침이란 쌀알에 수분을 흡수시키는 과정으로, 수침 시간은 여름에는 4~5시간, 겨울에는 6~9시간 정도가 적절하다.

CBT 모의고사 2회분

QR코드를 활용하여, 쉽고 빠른 '문제풀이 & 채점 & 분석' 경험을 제공합니다.

STEP 1 QR코드 스캔

STEP 2 로그인 & 회원가입

STEP 3 문제풀이 & 채점 & 분석

정답만 입력하면
채점에서 성적분석까지 한번에 쫙!

QR코드는 무엇으로 스캔할까?

❶ 네이버앱 → 그린닷 → 렌즈

❷ 카카오톡 → 더보기 → 코드스캔

❸ 기타 스마트폰 내장 카메라 또는 Google play 또는
   APP STORE에서 QR코드 스캔 앱 검색하여 설치

1회

2회

떡제조기능사
실기

- 콩설기떡, 부꾸미
- 무지개떡(삼색), 경단
- 흑임자시루떡, 개피떡(바람떡)

- 송편, 쇠머리떡
- 백편, 인절미
- 흰팥시루떡, 대추단자

[특별제공] 응용떡 레시피

- 단호박설기
- 주악

- 약식
- 찹쌀떡

실기 시험안내

**실기
지참 준비물**

도구	규격	수량	도구	규격	수량
스크레이퍼	150mm 정도	1개	계량컵	200ml	1개
계량스푼	제한 없음	1세트	솔	소형	1개
위생행주	면, 키친타월	1개	위생복	흰색 상·하의(흰색 하의는 앞치마로 대체 가능)	1벌
위생모	흰색	1개	신발	작업화	1족
면장갑	작업용	1켤레	비닐장갑	1회용 비닐 위생장갑, 조리용 장갑	1켤레
칼	조리용	1개	나무젓가락	30~50cm 정도	1세트
나무주걱	–	1개	절구공이	조리용	1개
면포	30×30cm 정도	1장	가위	가정용	1개
키친페이퍼	–	1개	비닐	50×50cm	–
저울	조리용	1대	체	경단 건지는 용도, 소형	1개
중간체	재질 무관	1개	볼	스테인리스/플라스틱 재질, 대, 중, 소	각 1개씩
냄비	–	1개	(대나무)찜기	지름 25cm, 높이 7cm 정도, 물솥, 시루망 및 시루 일체 포함	2세트
마스크	일반용	1개	접시	조리용	2개
원형틀	개피떡(바람떡) 제조용 (지름 5.5cm 정도)	1개	뒤집개*	–	1개

*뒤집개
• 요리할 때 음식을 뒤집는 일반적인 조리도구(뒤집개, 스파튤라, 터너라고 통용됨)
• 둥근 원판(지름 20~30cm 정도의 아크릴, 플라스틱 등 식품 제조 부적합/미확인 재질)은 사용 금지

**수험자
유의사항**

❶ 항목별 배점은 정리정돈 및 개인위생 14점, 각 과제별 43점씩 두 가지로 총 86점이며, 요구사항 외의 제조 방법 및 채점 기준은 비공개입니다.

❷ 시험시간은 재료 전처리 및 계량시간, 정리정돈 등 모든 작업과정이 포함된 시간입니다(시험시간 종료 시까지 작업대 정리 완료).

❸ 수험자 인적사항은 검은색 필기구만 사용해야 합니다. 그 외 연필류, 유색 필기구, 지워지는 펜 등은 사용이 금지됩니다.

❹ 시험 전과정 위생수칙을 준수하고 안전사고 예방에 유의합니다.

> • 시작 전 가벼운 몸 풀기(스트레칭) 운동을 실시한 후 시험을 시작해야 함
> • 위생 복장의 상태 및 개인위생(장신구, 두발·손톱의 청결 상태, 손 씻기 등)의 불량 및 정리정돈 미흡 시 실격 또는 위생 항목 감점 처리됨

⑤ 작품 채점(외부평가, 내부평가 등)은 작품 제출 후 채점됨을 참고합니다.

⑥ 수험자는 제조 과정 중 맛을 보지 않습니다(맛을 보는 경우 위생 부분 감점).

⑦ 요구사항의 수량을 준수합니다(요구사항 무게 전량/과제별 최소 제출 수량 준수).

- 지급재료 목록 수량은 요구사항 정량에 여유 양이 더해진 양임
- 수험자는 시험 시작 후 저울을 사용하여 요구사항대로 정량을 계량(계량하지 않고 지급재료 전체를 사용하여 크기 및 수량이 초과될 경우 '재료 준비 및 계량 항목'과 '제품평가' 0점 처리)
- 계량은 하였으나, 제출용 떡 제품에 사용해야 할 떡 반죽(쌀가루 포함)이나 부재료를 사용하지 않고 지나치게 많이 남기는 경우, 요구사항의 수량에 미달될 경우는 '제품평가' 0점 처리
- 단, 찜기의 용량을 초과하여 반죽을 남기는 경우는 제외하며, 용량 초과로 떡 반죽(쌀가루 포함) 및 부재료를 남기는 경우는 찜기에 반죽을 넣은 후 손을 들어 남은 떡 반죽과 재료에 대해서 감독위원에게 확인을 받아야 함

⑧ 요구사항에 명시된 몰드, 틀 등과 같은 기능 평가에 영향을 미치는 도구는 사용을 금합니다(사용 시 감점).

쟁반, 그릇 등을 변칙적으로 몰드 용도로 사용하는 경우는 감점

⑨ 찜기를 포함한 지참준비물이 부적합할 경우는 수험자의 귀책사유이며, 찜기가 지나치게 커서 시험장 가스레인지 사용이 불가할 경우는 가스 안전상 사용에 제한이 있을 수 있습니다.

⑩ 의문 사항은 손을 들어 문의하고 그 지시에 따릅니다.

⑪ 다음 사항은 실격에 해당하여 채점 대상에서 제외됩니다.

- 수험자 본인이 수험 도중 시험에 대한 포기 의사를 표현하는 경우
- 위생복 상의, 위생복 하의(또는 앞치마), 위생모, 마스크 중 1개라도 착용하지 않은 경우
- 시험시간 내에 2가지 작품 모두를 제출대(지정장소)에 제출하지 못한 경우
- 모양, 제조 방법(찌기를 삶기로 하는 등)을 준수하지 않았을 경우
- 상품성이 없을 정도로 타거나 익지 않은 경우(제품 가운데 부분의 쌀가루가 익지 않아 생쌀가루 맛이 나는 경우, 익지 않아 형태가 부서지는 경우)
  ※ 찜기 가장자리에 묻어 나오는 쌀가루 상태는 채점 대상이 아니며, 콩의 익은 정도는 감점 대상(실격 대상 아님)
- 지급된 재료 이외의 재료를 사용한 경우(재료 혼용과 같이 해당 과제 외 다른 과제에 필요한 재료를 사용한 경우도 포함)
  ※ 기름류는 실격 처리가 아닌 감점 처리이므로 지급재료 목록을 확인하여 기름류 사용에 유의(단, 떡 반죽재료 또는 떡 기름칠 용도로 직접적으로 사용하지 않고 손에 반죽 묻힘 방지용으로는 사용 가능)
- 시험 중 시설·장비의 조작 또는 재료의 취급이 미숙하여 위해를 일으킬 것으로 감독위원 전원이 합의하여 판단한 경우

콩설기떡, 부꾸미

무료 동영상

시험시간 2시간

※ 실제 시험지와 유사하게 구성했어요!

가. 지급된 재료 및 시설을 사용하여 콩설기떡을 만들어 제출하시오.

1) 떡 제조 시 물의 양은 적정량으로 혼합하여 제조하시오(단, 쌀가루는 물에 불려 소금 간하지 않고 2회 빻은 멥쌀가루임).
2) 불린 서리태는 삶거나 쪄서 사용하시오.
3) 서리태의 1/2 정도는 바닥에 골고루 펴 넣으시오.
4) 서리태의 나머지 1/2 정도는 멥쌀가루와 골고루 혼합하여 찜기에 안치시오.
5) 찜기에 안친 후 물솥에 얹어 찌시오.
6) 서리태를 바닥에 골고루 펴 넣은 면이 위로 오도록 그릇에 담고, 썰지 않은 상태로 전량 제출하시오.

재료명	비율(%)	무게(g)
멥쌀가루	100	700
설탕	10	70
소금	1	7
물	–	적정량
불린 서리태	–	160

나. 지급된 재료 및 시설을 사용하여 부꾸미를 만들어 제출하시오.

1) 떡 제조 시 물의 양을 적정량으로 혼합하여 반죽을 하시오(단, 쌀가루는 물에 불려 소금 간하지 않고 1회 빻은 찹쌀가루임).
2) 찹쌀가루는 익반죽하시오.
3) 반죽은 직경 6cm로 지져 빚은 후 팥앙금을 소로 넣어 반으로 접으시오 (⌒).
4) 대추와 쑥갓을 고명으로 사용하고 설탕을 뿌린 접시에 부꾸미를 담으시오.
5) 부꾸미는 12개 이상으로 제조하여 전량 제출하시오.

재료명	비율(%)	무게(g)
찹쌀가루	100	200
백설탕	15	30
소금	1	2
물	–	적정량
팥앙금	–	100
대추	–	3개
쑥갓	–	20
식용유	–	20ml

콩설기떡 만들기

불린 서리태는 뚜껑을 열고
15~20분 정도 삶기
→ 체에 건져 물기 빼기
→ 소금 간하기

멥쌀가루에 소금을 넣고 체
에 내리기
→ 물 넣고 다시 체에 내린
후 설탕 섞기

찜기에 시룻밑을 깔고 바닥
에 서리태 1/2을 고루 펴기

쌀가루에 나머지 서리태를
넣고 고루 섞어 찜기에 평
편하게 담기
→ 김 오른 찜기에 올려 15
분 정도 찌기(시간은 적
절히 가감)
→ 밑면이 위로 오게 담기

부꾸미 만들기

익반죽한 반죽을 균일하게
나누기
→ 팥앙금을 균일하게 빚어
팥소 만들기

대추는 돌려깎기하여 꽃 모
양으로 만들기
→ 찬물에 담가둔 쑥갓 잎
을 작게 떼어내기

반죽을 직경 6cm 크기로
둥글납작하게 만들기
→ 팬에 기름을 두르고 약불
에서 투명하게 지지기

설탕 뿌린 접시에 부꾸미를
옮겨 소를 넣고 반으로 접기
(팬 위에서 소를 넣고 반으
로 접어도 됨)
→ 윗면에 대추, 쑥갓 고명
올리기

가. 지급된 재료 및 시설을 사용하여 송편을 만들어 제출하시오.

1) 떡 제조 시 물의 양은 적정량으로 혼합하여 제조하시오(단, 쌀가루는 물에 불려 소금 간하지 않고 2회 빻은 멥쌀가루임).

2) 불린 서리태는 삶아서 송편소로 사용하시오.

3) 반죽과 송편소는 4:1∼3:1 정도의 비율로 제조하시오(송편소가 1/4∼1/3 정도 포함되어야 함).

4) 쌀가루는 익반죽하시오.

5) 송편은 완성된 상태가 길이 5cm, 높이 3cm 정도의 반달 모양(⌣)이 되도록 오므려 집어 송편 모양을 만들고, 12개 이상으로 제조하여 전량 제출하시오.

6) 송편을 찜기에 쪄서 참기름을 발라 제출하시오.

재료명	비율(%)	무게(g)
멥쌀가루	100	200
소금	1	2
물	–	적정량
불린 서리태	–	70
참기름	–	적정량

나. 지급된 재료 및 시설을 사용하여 쇠머리떡을 만들어 제출하시오.

1) 떡 제조 시 물의 양은 적정량을 혼합하여 제조하시오(단, 쌀가루는 물에 불려 소금 간하지 않고 1회 빻은 찹쌀가루임).

2) 불린 서리태는 삶거나 쪄서 사용하고, 호박고지는 물에 불려서 사용하시오.

3) 밤, 대추, 호박고지는 적당한 크기로 잘라서 사용하시오.

4) 부재료를 쌀가루와 잘 섞어 혼합한 후 찜기에 안치시오.

5) 찜기를 물솥에 얹어 찌시오.

6) 완성된 쇠머리떡은 15cm×15cm 정도의 사각형 모양으로 만들어 자르지 말고 전량 제출하시오.

7) 찌는 찰떡류로 제조하며, 지나치게 물을 많이 넣어 치지 않도록 주의하여 제조하시오.

재료명	비율(%)	무게(g)
찹쌀가루	100	500
설탕	10	50
소금	1	5
물	–	적정량
불린 서리태	–	100
대추	–	5개
깐 밤	–	5개
마른 호박고지	–	20
식용유	–	적정량

송편
만들기

불린 서리태는 뚜껑을 열고
15~20분 정도 삶기
→ 체에 건져 물기 빼서 소
금 첨가하기

쌀가루에 소금(또는 소금물)
을 넣어 익반죽하기
→ 송편 반죽을 12개 이상
균일하게 나눠 둥글게
빚기
→ 소로 서리태를 넣고 오므
려 송편 모양으로 빚기

찜기에 시룻밑을 깔고 송편
을 넣기
→ 김 오른 찜기에 15~20
분 정도 찌기

찐 송편에 참기름 바르기
(찐 송편을 찬물에 담갔다
가 참기름을 발라도 됨)

쇠머리떡
만들기

서리태는 15분 정도 삶아
물기 빼기
→ 대추는 돌려깎기하여 5
~6등분 하기
→ 밤은 5~6등분 하기
→ 호박고지는 물에 불려
2cm 길이로 썰어 설탕
에 버무리기

찜기에 젖은 면포를 깔고
설탕 뿌리기
→ 부재료(서리태, 대추, 밤,
호박고지)를 섞어 찜기에
1/3 정도 담기

찹쌀가루에 소금(또는 소금
물)을 넣어 간을 한 후 물
주기(체에 내리는 것도 가능)
→ 나머지 부재료와 설탕을
넣고 섞어 찜기에 담기
→ 김 오른 찜기에 25~30
분 정도 찌기

비닐에 식용유 바르기
→ 익은 반죽을 비닐에 엎
은 후 15cm×15cm 크
기로 성형하기
→ 식히기
→ 비닐 제거 후 담기

무지개떡(삼색), 경단

무료 동영상

시험시간 2시간

※실제 시험지와 유사하게 구성했어요!

가. 지급된 재료 및 시설을 사용하여 무지개떡(삼색)을 만들어 제출하시오.

1) 떡 제조 시 물의 양은 적정량으로 혼합하여 제조하시오(단, 쌀가루는 물에 불려 소금 간하지 않고 2회 빻은 멥쌀가루임).

2) 삼색의 구분이 뚜렷하고 두께가 같도록 쌀가루를 안치고 8등분으로 칼 금을 넣으시오.

흰쌀가루
치자쌀가루
쑥쌀가루

〈삼색 구분, 두께 균등〉

〈8등분 칼금〉

재료명	비율(%)	무게(g)
멥쌀가루	100	750
설탕	10	75
소금	1	8
물	–	적정량
치자	–	1개
쑥가루	–	3
대추	–	3개
잣	–	2

3) 대추와 잣을 흰쌀가루에 고명으로 올려 찌시오(잣은 반으로 쪼개어 비 늘잣으로 만들어 사용).

4) 고명이 위로 올라오게 담아 전량 제출하시오.

나. 지급된 재료 및 시설을 사용하여 경단을 만들어 제출하시오.

1) 떡 제조 시 물의 양을 적정량으로 혼합하여 반죽을 하시오(단, 쌀가루 는 물에 불려 소금 간하지 않고 1회 빻은 찹쌀가루임).

2) 찹쌀가루는 익반죽하시오.

3) 반죽은 직경 2.5~3cm 정도의 일정한 크기로 20개 이상 만드시오.

4) 경단은 삶은 후 고물로 콩가루를 묻히시오.

5) 완성된 경단은 전량 제출하시오.

재료명	비율(%)	무게(g)
찹쌀가루	100	200
소금	1	2
물	–	적정량
볶은 콩가루	–	50

무지개떡(삼색) 만들기

치자는 부숴 더운물에 불리기
→ 대추는 돌려깎기하여 꽃 모양으로 만들기
→ 잣은 고깔을 제거한 후 비늘잣 만들기

멥쌀가루에 소금을 넣고 체에 내린 후 3등분 하기
• 흰색: 물을 넣고 체에 내려 설탕 섞기
• 노란색: 치자물을 넣고 체에 내려 설탕 섞기
• 쑥색: 물, 쑥가루를 넣고 체에 내려 설탕 섞기

찜기에 시룻밑을 깔고 쑥색, 노란색, 흰색 순으로 평편하게 담기
→ 일정하게 8등분의 칼금 내기

대추꽃, 비늘잣 올리기
→ 김 오른 찜기에 20분 정도 찌기
→ 고명을 올린 면이 위로 오게 담기(원형 그대로 담아 제출)

경단 만들기

찹쌀가루에 소금(또는 소금물)을 넣어 간하기
→ 끓는 물을 넣어 익반죽하기

반죽을 균일하게 나눠 직경 2.5~3cm로 20개 이상 빚기

끓는 물에 경단을 넣고 삶기
→ 경단이 떠오르면 체에 건져 찬물에 냉각하기
→ 찬물을 갈아가며 식히기
→ 물기 빼기

접시에 콩가루를 넓게 펴기
→ 경단을 올리고 접시를 흔들어가며 콩고물을 고루 묻히기
→ 20개 이상 담기

백편,
인절미

시험시간 2시간

※실제 시험지와 유사하게 구성했어요!

가. 지급된 재료 및 시설을 사용하여 백편을 만들어 제출하시오.

1) 떡 제조 시 물의 양은 적정량으로 혼합하여 제조하시오(단, 쌀가루는 물에 불려 소금 간하지 않고 2회 빻은 멥쌀가루임).

2) 밤, 대추는 곱게 채 썰어 사용하고 잣은 반으로 쪼개어 비늘잣을 만들어 사용하시오.

3) 쌀가루를 찜기에 안치고 윗면에만 밤, 대추, 잣을 고물로 올려 찌시오.

4) 고물을 올린 면이 위로 오도록 그릇에 담고 썰지 않은 상태로 전량 제출하시오.

재료명	비율(%)	무게(g)
멥쌀가루	100	500
설탕	10	50
소금	1	5
물	–	적정량
깐밤	–	3개
대추	–	5개
잣	–	2

나. 지급된 재료 및 시설을 사용하여 인절미를 만들어 제출하시오.

1) 떡 제조 시 물의 양을 적정량으로 혼합하여 제조하시오(단, 쌀가루는 물에 불려 소금 간하지 않고 1회 빻은 찹쌀가루임).

2) 익힌 떡은 스테인리스볼과 절구공이(밀대)를 이용하여 소금물을 묻혀 치시오.

3) 친 떡은 기름 바른 비닐에 넣어 두께 2cm 이상으로 성형하여 식히시오.

4) 4cm×2cm×2cm 크기로 인절미를 24개 이상 제조하여 콩가루를 고물로 묻혀 전량 제출하시오.

재료명	비율(%)	무게(g)
찹쌀가루	100	500
설탕	10	50
소금	1	5
물	–	적정량
볶은 콩가루	12	60
식용유	–	5
소금물용 소금	–	5

백편
만들기

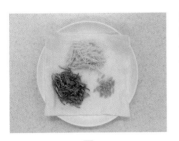

대추는 돌려깎기한 후 곱게
채 썰기
→ 밤은 곱게 채 썰기
→ 잣은 고깔을 제거한 후
   비늘잣 만들기

멥쌀가루에 소금을 넣고 체
에 내리기
→ 물을 넣고 다시 체에 내
   린 후 설탕 섞기

찜기에 시룻밑을 깔고 가루
를 평편하게 담기
→ 대추, 밤, 잣을 섞어 가
   루 위에 올리기

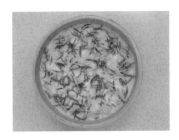

김 오른 찜기에 올려 20분
정도 찌기
→ 고명을 올린 면이 위로
   오게 담기

인절미
만들기

찹쌀가루에 소금, 물을 넣
고 체에 내리기
→ 편칭할 소금물(물 1컵,
   소금 1작은술) 만들기

찜기에 젖은 면포 깔기
→ 설탕 소량 뿌리기
→ 가루를 주먹 쥐어 안치기
→ 소금물을 스테인리스볼
   과 절구공이에 묻혀가
   며 치기

친 인절미를 기름 바른 비
닐에 넣어 두께 2cm 이상
으로 성형하기
→ 식히기

식힌 인절미를 4cm×2cm
×2cm로 잘라 콩가루 고
물을 묻혀 담아내기

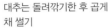

흑임자시루떡, 개피떡(바람떡)

무료 동영상

시험시간 **2시간**

※ 실제 시험지와 유사하게 구성했어요!

가. 지급된 재료 및 시설을 사용하여 흑임자시루떡을 만들어 제출하시오.

1) 떡 제조 시 물의 양은 적정량으로 혼합하여 제조하시오(단, 쌀가루는 물에 불려 소금 간하지 않고 1회 빻은 찹쌀가루임).

2) 흑임자는 씻어 일어 이물이 없게 하고 타지 않게 볶아 소금 간하여 빻아서 고물로 사용하시오(50% 이상 빻아진 상태가 되도록 함).

3) 찹쌀가루 위·아래에 흑임자 고물을 이용하여 찜기에 한켜로 안치시오.

4) 찜기를 물솥에 얹어 찌시오.

5) 썰지 않은 상태로 전량 제출하시오.

재료명	비율(%)	무게(g)
찹쌀가루	100	400
설탕	10	40
소금 (쌀가루 반죽)	1	4
소금(고물)	–	적정량
물	–	적정량
흑임자	27.5	110

나. 지급된 재료 및 시설을 사용하여 개피떡(바람떡)을 만들어 제출하시오.

1) 떡 제조 시 물의 양을 적정량으로 혼합하여 제조하시오(단, 쌀가루는 물에 불려 소금 간하지 않고 2회 빻은 멥쌀가루임).

2) 익힌 떡을 치대어 떡이 붙지 않게 고체유를 바르면서 제조하시오.

3) 떡반죽은 두께 4~5mm 정도로 밀어 팥앙금을 소로 넣어 원형틀(직경 5.5cm 정도)을 이용하여 반달 모양으로 찍어 모양을 만드시오 (⌓).

4) 개피떡은 12개 이상으로 제조하여 참기름을 발라 전량 제출하시오.

재료명	비율(%)	무게(g)
멥쌀가루	100	300
소금	1	3
물	–	적정량
팥앙금	66	200
참기름	–	적정량
고체유	–	5
설탕	–	10 (찔 때 필요 시 사용)

흑임자시루떡 만들기

흑임자를 씻고 일어 티지 않게 볶기
→ 볶은 후 소금 간하기
→ 절구에 곱게 빻기

찹쌀가루에 소금, 물을 넣어 체에 1번 내리기
→ 체에 내린 후 설탕 섞기

찜기에 시루 밑으로 깔고 흑임자 고물을 고루 펴기
→ 쌀가루를 넣고 고루 펴기

쌀가루 위에 흑임자 고물을 고루 뿌리기
→ 김 오른 물솥에 올려 20분 정도 찐 후 약불에서 5분 동안 뜸들이기

개피떡(바람떡) 만들기

멥쌀가루에 소금과 물을 넣어 젖은 면포에 20분 정도 찌기

팥앙금소를 12개 이상 둥글게 만들기

찐 떡을 쳐서 반죽을 한 덩어리로 만들기
→ 밀대로 얇게 밀기

반죽에 앙금소를 넣고 덮어 반달 모양으로 찍기
→ 참기름을 바른 후 그릇에 전량 담기

흰팥시루떡, 대추단자

무료 동영상

시험시간 2시간

※ 실제 시험지와 유사하게 구성했어요!

가. 지급된 재료 및 시설을 사용하여 흰팥시루떡을 만들어 제출하시오.

1) 떡 제조 시 물의 양은 적정량으로 혼합하여 제조하시오(단, 쌀가루는 물에 불려 소금 간하지 않고 2회 빻은 멥쌀가루임).
2) 불린 흰팥(동부)은 일어 거피하여 찌시오.
3) 찐 팥은 소금 간하고 빻아 체에 내려 고물로 만들어 사용하시오(중간체 또는 어레미 사용 가능).
4) 멥쌀가루 위·아래에 흰팥고물을 이용하여 찜기에 한켜로 안치시오.
5) 찜기를 물솥에 얹어 찌시오.
6) 썰지 않은 상태로 전량 제출하시오.

재료명	비율(%)	무게(g)
멥쌀가루	100	500
설탕	10	50
소금 (쌀가루 반죽)	1	5
소금 (고물)	0.6	3 (적정량)
물	–	적정량
불린 흰팥(동부)	–	320

나. 지급된 재료 및 시설을 사용하여 대추단자를 만들어 제출하시오.

1) 떡 제조 시 물의 양을 적정량으로 혼합하여 제조하시오(단, 쌀가루는 물에 불려 소금 간하지 않고 1회 빻은 찹쌀가루임).
2) 대추의 40% 정도는 떡 반죽용으로, 60% 정도는 고물용으로 사용하시오.
3) 떡 반죽용 대추는 다져서 쌀가루와 함께 익혀 쓰시오.
4) 고물용 대추, 밤은 곱게 채 썰어 사용하시오(단, 밤은 채 썰 때 전량 사용하지 않아도 됨).
5) 대추를 넣고 익힌 떡은 스테인리스볼과 절구공이(밀대)를 이용하여 소금물을 묻혀 치시오.
6) 친 떡은 기름(식용유) 바른 비닐에 넣어 두께 1.5cm 이상으로 성형하여 식히시오.
7) 친 떡에 꿀을 바른 후 3cm×2.5cm×1.5cm 크기로 잘라 밤채, 대추채 고물을 묻히시오.
8) 16개 이상 제조하여 전량 제출하시오.

재료명	비율(%)	무게(g)
찹쌀가루	100	200
소금	1	2
물	–	적정량
밤	–	6개
대추	–	80
꿀	–	20
식용유	–	10
설탕 (찔 때 필요 시 사용)	–	10
소금물용 소금	–	5

흰팥시루떡 만들기

흰팥을 씻기
→ 김 오른 찜기에 면포를 깔고 흰팥을 넣어 푹 무르게 찌기
→ 소금을 넣고 방망이로 곱게 빻기
→ 체에 내리기

멥쌀가루에 소금물을 넣고 체에 2번 내리기
→ 설탕을 고루 섞기

찜기에 시루망을 깔고 흰팥 고물의 반을 고루 펴기
→ 쌀가루를 올리고 남은 고물도 고루 펴기

김 오른 찜기에 20분 정도 찌기
→ 약불에서 5분 정도 뜸 들이기

대추단자 만들기

대추 40%를 돌려깎기한 후 곱게 다지기
→ 대추 60%는 돌려깎기 하여 곱게 채 썰기
→ 밤은 곱게 채 썰기

찹쌀가루에 소금, 물, 다진 대추를 넣어 고루 섞기
→ 찜기에 젖은 면포를 깔고 찌기

떡이 투명하게 익으면 볼에 쏟아 꽈리가 일도록 찧기
→ 기름 바른 비닐을 깔고 두께 성형하기
→ 요구사항의 크기로 16개 이상 만들기

꿀을 발라 대추채, 밤채 고물을 묻혀 담아내기

[특별제공]
단호박설기

※ 공개문제 외, 응용떡을 만들어 보세요!

재료

재료명	비율(%)	무게(g)
멥쌀가루	100	500
설탕	10	50
소금	1	5
단호박 찐 것	–	100
호박씨	–	3
대추	–	3개
잣	–	2

만들기

단호박 껍질을 벗겨서 찐 후 덩어리가 없도록 으깨기
→ 멥쌀가루에 고루 섞기

고명 만들기
• 호박씨: 반으로 쪼개기
• 대추: 돌려깎기하여 꽃 모양으로 만들기
• 잣: 고깔 떼기

으깬 단호박을 섞은 멥쌀가루 물 주기
→ 체에 내린 후 설탕 섞기

찜기에 시룻밑을 깔고 가루를 평편하게 담기
→ 일정하게 칼금 내기
→ 고명으로 장식하기
→ 김 오른 물솥에 20분 정도 찌기

[특별제공]
약식

※ 공개문제 외, 응용떡을 만들어 보세요!

재료

재료명	무게(g)	재료명	무게(g)
찹쌀	5컵	황설탕	1컵
소금	반 작은 술	참기름	6큰술
물	반컵	계핏가루	1작은술
껍질 벗긴 밤	10개	캐러멜시럽	1큰술
대추	15개	꿀	2큰술
잣	3큰술	식용유	2큰술
간장	3큰술		

만들기

깨끗하게 씻은 찹쌀을 5시간 이상 불려 체에 건져 물기 제거하기
→ 김이 오른 찜기에 면포를 깔고 찹쌀 올리기

양념 만들기(씨를 제거하고 4~6등분한 대추와 밤, 고깔 제거한 잣, 간장, 황설탕, 캐러멜시럽, 참기름, 계핏가루)
→ 잘 쪄진 찹쌀이 뜨거울 때 양념을 넣어 고루 섞기

찹쌀을 40분 찌고 소금물을 뿌려 주면서 고루 섞기
→ 20분 정도 더 찌기

찜기에 젖은 면포를 깔고 양념을 섞은 찹쌀 넣기
→ 김 오른 물솥에 20분 정도 찌기
→ 불을 끄고 5분 정도 후에 볼에 쏟아 끝양념(꿀, 식용유)을 넣고 고루 섞기

[특별제공]
주악

※ 공개문제 외, 응용떡을 만들어 보세요!

재료

재료명	비율(%)	무게(g)
찹쌀가루	100	250
소금	–	반 작은 술
팥앙금	40	100
설탕	–	1/2컵
물	–	1/2컵
식용유	–	20ml

만들기

찹쌀가루에 소금, 각각의 색소를 넣어 익반죽하기
→ 반죽을 직경 3cm 정도로 빚기

기름을 두른 팬에 반죽을 투명하게 익히기
→ 시럽에 넣어 집청하기

앙금을 1cm 크기로 둥글게 빚기
→ 반죽에 앙금을 넣고 송편 모양으로 만들기
→ 냄비에 동량의 설탕과 물을 넣고 집청할 시럽 만들기

집청 후 그릇에 담기

[특별제공]
찹쌀떡

※ 공개문제 외, 응용떡을 만들어 보세요!

재료

재료명	비율(%)	무게(g)
찹쌀가루	100	300
소금	1	3
설탕	10	30
물	–	1/2컵
소금물용 소금	–	5
팥앙금(녹두앙금)	–	500
녹말가루	–	5큰술

만들기

찹쌀가루에 소금을 넣고 체에 내리기
→ 약하게 물 주기를 하고 체에 내려 설탕 섞기
→ 시루에 젖은 면포를 깔고 김 오른 찜기에 30분 정도 찐 반죽을 볼에 담기

앙금은 6등분 하여 둥글게 만들기

반죽에 소금물을 묻혀가며 끈기가 생기도록 방망이로 반복해서 치기
→ 비닐에 기름을 발라 잘 치댄 반죽을 올려 얇고 넓게 성형한 후 일정한 크기로 자르기

성형한 찹쌀 반죽에 앙금을 올리고 찹쌀 반죽으로 감싸기
→ 녹말가루를 뿌려 붙지 않게 담기

삶의 순간순간이
아름다운 마무리이며
새로운 시작이어야 한다.

– 법정 스님

여러분의 작은 소리
에듀윌은 크게 듣겠습니다.

본 교재에 대한 여러분의 목소리를 들려주세요.
공부하시면서 어려웠던 점, 궁금한 점,
칭찬하고 싶은 점, 개선할 점, 어떤 것이라도 좋습니다.

에듀윌은 여러분께서 나누어 주신 의견을
통해 끊임없이 발전하고 있습니다.

에듀윌 도서몰 book.eduwill.net
• 부가학습자료 및 정오표: 에듀윌 도서몰 → 도서자료실
• 교재 문의: 에듀윌 도서몰 → 문의하기 → 교재(내용, 출간) / 주문 및 배송

2025 에듀윌 떡제조기능사 필기·실기
한권끝장＋과제 무료특강

발 행 일	2025년 2월 21일 초판
편 저 자	문혜자, 김애숙, 강승희
펴 낸 이	양형남
개 발	정상욱, 배소진
펴 낸 곳	(주)에듀윌
등록번호	제25100-2002-000052호
주 소	08378 서울특별시 구로구 디지털로34길 55 코오롱싸이언스밸리 2차 3층
I S B N	979-11-360-3696-4(13590)

www.eduwill.net
대표전화 1600-6700